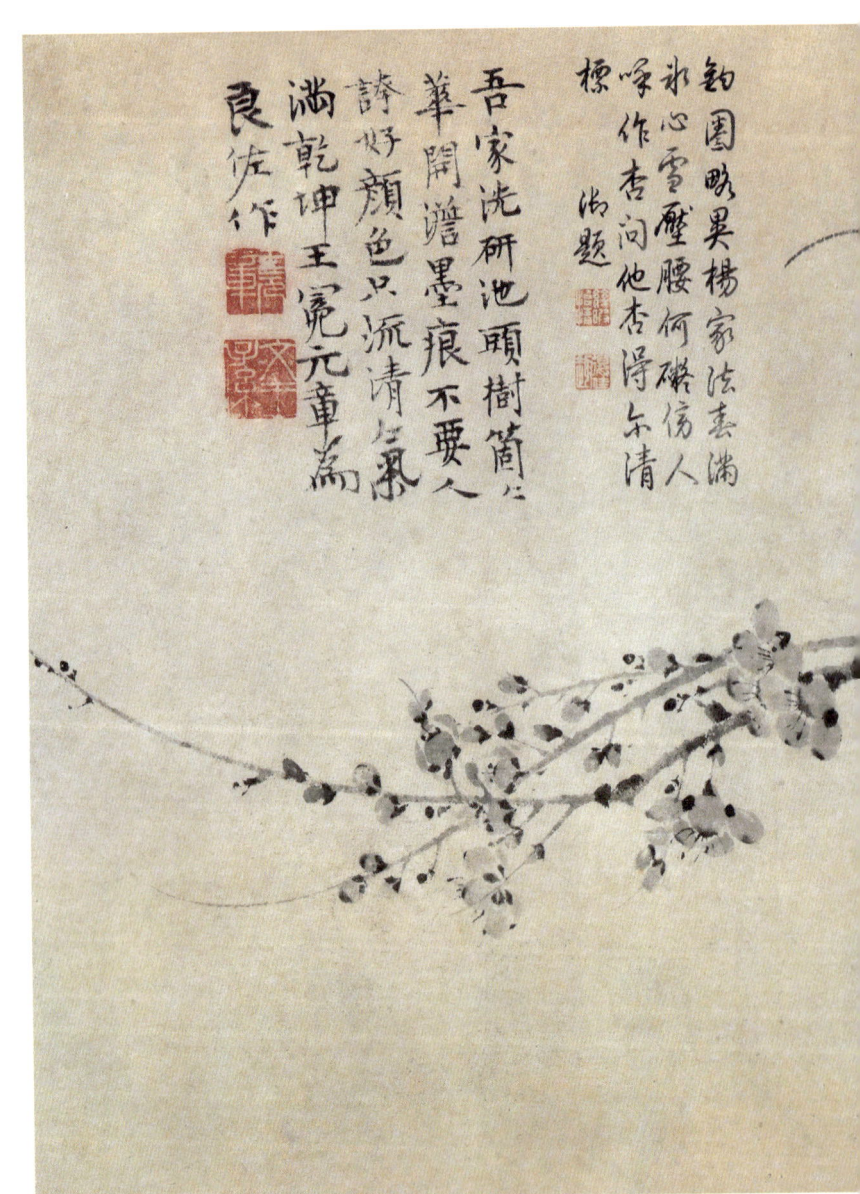

勃鬱畎異楊家法去滿
冰心雪壓腰何礙傍人
喚作杏問他得尔清
標冶題

吾家洗硯池頭樹箇箇
華開澹墨痕不要人
誇好顏色只流清氣
滿乾坤王冕元章為
良佐作

愿彼此，终得圆满

【朱光潜谈修养】

给青年的十二封信

朱光潜 著

石油工业出版社

图书在版编目(CIP)数据

愿彼此,终得圆满:朱光潜谈修养 / 朱光潜著. --北京:石油工业出版社,2019.3
ISBN 978-7-5183-2728-7

Ⅰ. ①愿… Ⅱ. ①朱… Ⅲ. ①个人－修养－青年读物 Ⅳ. ① B825-49

中国版本图书馆CIP数据核字(2018)第135114号

愿彼此,终得圆满:朱光潜谈修养
朱光潜 / 著

出版发行:石油工业出版社
　　　　（北京安定门外安华里2区1号楼　100011）
网　　址:www.petropub.com
编 辑 部:（010）64523783
图书营销中心:（010）64523633
经　　销:全国新华书店
印　　刷:北京晨旭印刷厂
2019年3月第1版　2019年3月第1次印刷
880×1230毫米　开本:1/32　印张:11.5　插页:24
字　　数:250千字
定　　价:48.00元（全二册）
（如发现印装质量问题,我社图书营销中心负责调换）
版权所有,翻印必究

目录

序　　　　　　　　　　　　　　　　　　　　Ⅰ

一　谈读书　　　　　　　　　　　　　　　01

二　谈动　　　　　　　　　　　　　　　　08

三　谈静　　　　　　　　　　　　　　　　12

四　谈中学生与社会运动　　　　　　　　　17

五　谈十字街头　　　　　　　　　　　　　23

六　谈多元宇宙　　　　　　　　　　　　　28

七　谈升学与选课　　　　　　　　　　　　34

八　谈作文　　　　　　　　　　　　　　　40

九　谈情与理　　　　　　　　　　　　　　45

十　谈摆脱　　　　　　　　　　　　　　　55

十一　谈在卢浮宫所得的一个感想　　　　　60

十二　谈人生与我　　　　　　　　　　　　66

附录 再谈青年与恋爱结婚——答王毅君	72
谈理想的青年——回答一位青年朋友的询问	75
给苦闷的青年朋友们	81
无言之美	87
情与辞	101
给一位写新诗的青年朋友	109
我要向青年说	120
朱光潜给朱光潜——为《给青年的十三封信》	122
自信力和奋斗的决心——给《申报周刊》的青年读者朋友们（一）	128
在混乱中创秩序——给《申报周刊》的青年读者朋友们（二）	134
民族的生命力——给《申报周刊》的青年读者朋友们（三）	140
游戏与娱乐——给《申报周刊》的青年读者朋友们（四）	146
谈理想与事实——给《申报周刊》的青年读者朋友们（五）	153
谈敬——给《申报周刊》的青年读者朋友们（六）	160
代跋 再说一句话	166

序

这十二封信是朱孟实先生从海外寄来分期在我们同人杂志《一般》上登载过的。《一般》的目的，原思以一般人为对象，从实际生活出发来介绍些学术思想。数年以来，同人都曾依了这目标分头努力。可是如今看来，最好的收获第一要算这十二封信。

这十二封信以有中学程度的青年为对象。并未曾指定某一受信人的姓名，只要是中学程度的青年，就谁都是受信人，谁都应该一读这十二封信。这十二封信，实是作者远从海外送给国内青年的很好的礼物。作者曾在国内担任中等教师有年，他那笃热的情感，温文的态度，丰富的学殖，无一不使和他接近的青年感服。他的赴欧洲，目的也就在谋中等教育的改进。作者实是一个终身愿与青年为友的志士。信中首称"朋友"，末署"你的朋友光潜"，在深知作者的性行的我看来，这称呼是笼有真实的情感的，绝不只是通常的习用套语。

　　各信以青年们所正在关心或应该关心的事项为话题，作者虽随了各话题抒述其意见，统观全体，却似乎也有个一贯的出发点可寻。就是劝青年眼光要深沉，要从根本上做功夫，要顾到自己，勿随了世俗图近利。作者用了这态度谈读书，谈作文，谈社会运动，谈恋爱，谈升学选科等。无论在哪一封信上，字里行间，都可看出这忠告来。其中如在《谈在卢浮宫所得的一个感想》一信里，作者且郑重地自把这态度特别标出了说："假如我的十二封信对于现代青年能发生毫末的影响，我尤其虔心默祝这封信所宣传的超'效率'的估定价值的标准能印入个个读者的心孔里去；因为我所知道的学生们、学者们和革命家们都太贪容易，太浮浅粗疏，太不能深入，太不能耐苦，太类似美国旅行家看《蒙娜丽莎》了。"

　　"超效率！"这话在急于近利的世人看来，也许要惊为太高蹈的论调了。但一味亟于效率，结果就会流于浅薄粗疏，无可救药。中国人在全世界是被推为最重实用的民族的，凡事向都怀一个极近视的目标：娶妻是为了生子，养儿是为了防老，行善是为了福报，读书是为了做官，不称入基督教的为基督教信者而称为"吃基督教"的，不称投身国事的军士为军人而称为"吃粮"的，流弊所至，在中国，什么都只是吃饭的工具，什么都实用，因之，就什么都浅薄。试就学校教育的现状看罢：坏的呢，教师目的但在地位、薪水，学生目的但在文凭、资格；较好的呢，教师想把学生嵌入某种预定的铸型去，学生想怎样揣摩世尚毕业后去问世谋事。在真正的教育面前，总之都免不掉浅薄粗疏。效率原是要顾的，但只顾效率，究竟是蠢事。青年为国家社会的生力军，如果不从根本上培养能力，凡事近视，贪浮浅的近利，一味袭蹈时下陋习，结果纵不至于"一蟹不如一蟹"，亦只是一蟹仍如一蟹而已。国家社会还有什么希望可说。

"太贪容易，太浮浅粗疏，太不能深入，太不能耐苦"，作者对于现代青年的毛病，曾这样慨乎言之。征之现状，不禁同感。作者去国已好几年了，依据消息，尚能分明地记得起青年的病象，则青年的受病之重，也就可知。

这十二封信啊，愿对于现在的青年，有些力量！

夏丏尊

十八年元旦书于白马湖平屋

一 谈读书

朋友：

中学课程很多，你自然没有许多时间去读课外书。但是你试扪心自问：你每天真抽不出一点钟或半点钟的工夫吗？如果你每天能抽出半点钟，你每天至少可以读三四页，每月可以读一百页，到了一年也就可以读四五本书了。何况你在假期中每天断不会只能读三四页呢！你能否在课外读书，不是你有没有时间的问题，是你有没有决心的问题。

世间有许多人比你忙得多。许多人的学问都在忙中做成的。美国有一位文学家、科学家和革命家富兰克林，幼时在印刷局里做小工，他的书都是在做工时抽暇读的。不必远说，你应该还记得孙中山先生，难道你比那一位奔走革命席不暇暖的老人家还要忙些吗？他生平无论忙到什么地步，没有一天不偷暇读几页书。你只要看他的《建国方略》和《孙文学说》，你便知道他不仅是一个政治家，而且还是一个学者。不读书讲革命，不知道"光"的所在，只是窜头乱撞，终难成功。这个道理，孙先生懂得最清楚的，所以他的学说特别重"知"。

人类学问逐天进步不止，你不努力跟着跑，便落伍退后，这固不消说。尤其要紧的是养成读书的习惯，是在学问中寻出一种兴趣。你如果没有一种正常嗜好，没有一种在闲暇时可以寄托你的心神的东西，将来离开学校去做事，说不定要被恶习惯引诱。你不看见现在许多叉麻雀、抽鸦片的官僚们、绅商们乃至于教员们，不大半由学生出身吗？你慢些鄙视他们，临到你来，再看看你的成就罢！但是你如果在读书中寻出一种趣味，你将来抵抗引诱的能力比别人定要大些。这种兴趣你现在不能寻出，将来永不会寻出的。凡人都越老越麻木，你现在已比不上三五岁的小孩子们那样好奇、那样兴味淋漓了。你长大一岁，你感觉兴味的锐敏力便须迟钝一分。达尔文在自传里曾经说过，他幼时颇好文学和音乐，壮时因为研究生物学，把文学和音乐都丢开了，到老来他再想拿诗歌来消遣，便寻不出趣味来了。兴味要在青年时设法培养，过了正常时节，便会萎谢。比方打网球，你在中学时欢喜打，你到老都欢喜打。假如你在中学时代错过机会，后来要发愿去学，比登天还要难十倍。养成读书习惯也是这样。

你也许说，你在学校里终日念讲义看课本不就是读书吗？讲义课本着意在平均发展基本知识，固亦不可不读。但是你如果以为念讲义看课本，便尽读书之能事，就是大错特错。第一，学校功课门类虽多，而范围究极窄狭。你的天才也许与学校所有功课都不相近，自己在课外研究，去发现自己性之所近的学问。再比方你对于某种功课不感兴趣，这也许并非由于性不相近，只是规定课本不合你的口味。你如果能自己在课外发现好书籍，你对于那种功课也许就因而浓厚起来了。第二，念讲义看课本，免不掉若干拘束，想借此培养兴趣，颇是难事。比方有一本小说，平时自由拿来消遣，觉得多么有趣，一旦把它拿来当课本读，用预备考试的方法去读，便不免索然寡味了。兴趣要逍遥自在地不受拘束地发展，所以为培养读书兴趣起见，应该从读课外书入手。

　　书是读不尽的，就读尽也是无用，许多书都没有一读的价值。你多读一本没有价值的书，便丧失可读一本有价值的书的时间和精力。所以你须慎加选择。你自己自然不会选择，须去就教于批评家和专门学者。我不能告诉你必读的书，我能告诉你不必读的书。许多人尝抱定宗旨不读现代出版的新书。因为许多流行的新书只是迎合一时社会心理，实在毫无价值，经过时代淘汰而巍然独存的书才有永久性，才值得读一遍两遍以至于无数遍。我不敢劝你完全不读新书，我却希望你特别注意这一点，因为现代青年颇有非新书不读的风气。别事都可以学时髦，唯有读书做学问不能学时髦。我所指不必读的书，不是新书，是谈书的书，是值不得读第二遍的书。走进一个图书馆，你尽管看见千卷万卷的纸本子，其中真正能够称为"书"的恐怕难上十卷百卷。你应该读的只是这十卷百卷的书。在这些书中间，你不但可以得较真确的知识，而且可以于无形中吸收大学者治学的精神和方法。这些书才能撼动你的心灵，激动你的思考。其他像"文学大纲""科学大纲"以及杂志报章上的书评，实在都不能供你受用。你与其读千卷万卷的诗集，不如读一部《国风》或《古诗十九首》，你与其读千卷万卷谈希腊哲学的书籍，不如读一部柏拉图的《理想国》。

你也许要问我像我们中学生究竟应该读些什么书呢？这个问题可是不易回答。你大约还记得北京《京报副刊》曾征求"青年必读书十种"，结果有些人所举的十种尽是几何代数，有些人所举的十种尽是《史记》《汉书》。这在旁人看起来似近于滑稽，而应征的人却各抱有一番大道理。本来这种征求的本意，求以一个人的标准做一切人的标准，好像我只喜欢吃面，你就不能吃米，完全是一种错误见解。各人的天资、兴趣、环境、职业不同，你怎么能定出万应灵丹似的十种书，供天下无量数青年读之都能感觉同样趣味、发生同样效力？

我为了写这封信给你，特地去调查了几个英国公共图书馆。他们的青年读品部最流行的书可以分为四类：（一）冒险小说和游记，（二）神话和寓言，（三）生物故事，（四）名人传记和爱国小说。就中代表的书籍是凡尔纳的《八十日环游世界记》（Jules Verne: *Around the World in Eighty Days*）和《海底两万里》（*Twenty Thousand Leagues Under the Sea*），笛福的《鲁滨孙漂流记》（Defoe：*Robinson Crusoe*），大仲马的《三剑侠》（A. Dumas：*Three Musketeers*），霍桑的《奇书》和《丹谷闲话》（Hawthorne：*Wonder Book and Tangle Wood Tales*），金斯莱的《希腊英雄传》（Kingsley：*Heroes*），法布尔的《鸟兽故事》（Fabre：*Story Book of Birds and Beasts*），安徒生的《童话》（Andersen：*Fairy Tales*），骚塞的《纳尔逊传》（Southey：*Life of Nelson*），房龙的《人类的故事》（Van Loon：*The story of Mankind*）之类。这些书在国外虽流行，给中国青年读，却不十分相宜。中国学生们大半是少年老成，在中学时代就欢喜像煞有介事的谈一点学理。他们——你和我自然都在内——不仅欢喜谈谈文学，还要研究社会问题，甚至于哲学问题。这既是一种自然倾向，也就不能漠视，我个人的见解也不妨提起和你商量商量。十五六岁以后的教育宜注重发达理解，十五六岁以前的教育宜注重发达想象。所以初中的学生们宜多读想象的文字，高中的学生才应该读含有学理的文字。

谈到这里，我还没有答复应读何书的问题。老实说，我没有能力答复，我自己便没曾读过几本"青年必读书"，老早就读些壮年必读书。比方在中国书里，我最欢喜《国风》、《庄子》、《楚辞》、《史记》、《古诗源》、《文选》中的书笺、《世说新语》、《陶渊明集》、《李太白集》、《花间集》、张惠言《词选》、《红楼梦》,等等。在外国书里,我最欢喜济慈(Keats)、雪莱(Shelly)、柯尔律治(Coleridge)、白朗宁(Browning)诸人的诗集,索福克勒斯(Sophocles)的七悲剧,莎士比亚的《哈姆雷特》(Shakespeare: *Hamlet*)、《李耳王》(*King Lear*)和《奥赛罗》(*Othello*),歌德的《浮士德》(Goethe: *Faust*),易卜生(Ibsen)的戏剧集,屠格涅夫(Turgenev)的《处女地》(*Virgin Soil*)和《父与子》(*Fathers and Children*),陀思妥耶夫斯基的《罪与罚》(Dostoyevsky: *Crime and Punishment*),福楼拜的《包法利夫人》(Flaubert: *Madame Bovary*),莫泊桑(Maupassant)的小说集,小泉八云(Lafcadio Hearn)关于日本的著作,等等。如果我应北京《京报副刊》的征求,也许把这些古董洋货捧上,凑成"青年必读书十种"。但是我知道这是荒谬绝伦。所以我现在不敢答复你应读何书的问题。你如果要知道,你应该去请教你所知的专门学者,请他们各就自己所学范围以内指定三两种青年可读的书。你如果请一个人替你面面俱到的设想,比方他是学文学的人,他也许明知青年必读书应含有社会问题、科学常识,等等,而自己又没甚把握,姑且就他所知的一两种拉来凑数,你就像问道于盲了。同时,你要知道读书好比探险,也不能全靠别人指导,你自己也须得费些功夫去搜求。我从来没有听见有人按照别人替他定的"青年必读书十种"或"世界名著百种"读下去,便成就一个学者。别人只能介绍，抉择还要靠你自己。

关于读书方法。我不能多说，只有两点须在此约略提起。第一，凡值得读的书至少须读两遍。第一遍须快读，着眼在醒豁全篇大旨与特色。第二遍须慢读，须以批评态度衡量书的内容。第二，读过一本书，须笔记纲要精彩和你自己的意见。记笔记不特可以帮助你记忆，而且可以逼得你仔细，刺激你思考。记着这两点，其他琐细方法便用不着说。各人天资习惯不同，你用哪种方法收效较大，我用哪种方法收效较大，不是一概论的。你自己终久会找出你自己的方法，别人绝不能给你一个方单，使你可以"依法炮制"。

你嫌这封信太冗长了罢？下次谈别的问题，我当力求简短。再会！

你的朋友，光潜

谈动 二

朋友：

从屡次来信看，你的心境近来似乎很不宁静。烦恼究竟是一种暮气，是一种病态，你还是一个十八九岁的青年，就这样颓唐沮丧，我实在替你担忧。

一般人欢喜谈玄，你说烦恼，他便从"哲学辞典"里拖出"厌世主义""悲观哲学"等堂哉皇哉的字样来叙你的病由。我不知道你感觉如何？我自己从前仿佛也尝过烦恼的况味，我只觉得忧来无方，不但人莫之知，连我自己也莫名其妙，哪里有所谓哲学与人生观！我也些微领过哲学家的教训：在心气和平时，我景仰希腊廊下派哲学者，相信人生当皈依自然，不当存有嗔喜贪恋；我景仰托尔斯泰，相信人生之美在宥与爱；我景仰白朗宁，相信世间有丑才能有美，不完全乃真完全；然而外感偶来，心波立涌，拿天大的哲学，也抵挡不住。这固然是由于缺乏修养，但是青年们有几个修养到"不动心"的地步呢？从前长辈们往往拿"应该不应该"的大道理向我说法。他们说，像我这样一个青年应该活泼泼的，不应该暮气沉沉的，应该努力做学问，不应该把自己的忧乐放在心头。谢谢罢，请留着这副"应该"的方剂，将来患烦恼的人还多呢！

朋友，我们都不过是自然的奴隶，要征服自然，只得服从自然。违反自然，烦恼才乘虚而入，要排解烦闷，也须得使你的自然冲动有机会发泄。人生来好动，好发展，好创造。能动，能发展，能创造，便是顺从自然，便能享受快乐；不动，不发展，不创造，便是摧残生机，便不免感觉烦恼。这种事实在流行语中就可以见出，我们感觉快乐时说"舒畅"，不感觉快乐时说"抑郁"。这两个字样可以用作形容词，也可以用作动词。用作形容词时，它们描写快或不快的状态；用作动词时，我们可以说它们说明快或不快的原因。你感觉烦恼，因为你的生机被抑郁；你要想快乐，须得使你的生机能舒畅，能宣泄。流行语中又有"闲愁"的字样，闲人大半易于发愁，就因为闲时生机静止而不舒畅。青年人比老年人易于发愁些，因为青年人的生机比较强旺。小孩子们的生机也很强旺，然而不知道愁苦，因为他们时时刻刻的游戏，所以他们的生机不至于被抑郁。小孩子们偶尔不很乐意，便放声大哭，哭过了气就消去。成人们感觉烦恼时也还要拘礼节，哪能由你放声大哭呢？吃黄连苦在心头，所以愈觉其苦。歌德少时因失恋而想自杀，幸而他的文机动了，埋头两礼拜著成一部《少年维特之烦恼》，书成了，他的气也泄了，自杀的念头也打消了。你发愁时并不一定要著书，你就读几篇哀歌，听一幕悲剧，借酒浇愁，也可以大畅胸怀。从前我很疑惑何以剧情愈悲而读之愈觉其快意，近来才悟得这个泄与郁的道理。

总之，愁生于郁，解愁的方法在泄；郁由于静止，求泄的方法在动。从前儒家讲心性的话，从近代心理学眼光看，都很粗疏，只有孟子的"尽性"一个主张，含义非常深广。一切道德学说都不免肤浅，如果不从"尽性"的基点出发。如果把"尽性"两字懂得透彻，我以为生活目的在此，生活方法也就在此。人性固然是复杂的，可是人是动物，基本性不外乎动。从动的中间我们可以寻出无限快感。这个道理我可以拿两种小事来印证：从前我住在家里，自己的书房总欢喜自己打扫。每看到书籍零乱，灰尘满地，你亲自去洒扫一过，霎时间混浊的世界变成明窗净几，此时悠然就座，游目骋怀，乃觉有不可言喻的快慰；再比方你自己是欢喜打网球的，当你起劲打球时，你还记得天地间有所谓烦恼吗？

你大约记得晋人陶士行的故事。他老来罢官闲居，找不得事做，便去搬砖。晨间把一百块砖由斋里搬到斋外，暮间把一百块砖由斋外搬到斋里。人问其故，他说："吾方致力中原，过尔优逸，恐不堪事。"他又尝对人说:"大禹圣人,乃惜寸阴,至于众人,当惜分阴。"其实惜阴何必定要搬砖,不过他老先生还很茁壮,借这个玩意儿多活动活动,免得抑郁无聊罢了。

朋友,闲愁最苦!愁来愁去,人生还是那么样一个人生,世界也还是那么样一个世界。假如把自己看得伟大,你对于烦恼,当有"不屑"的看待;假如把自己看得渺小,你对于烦恼当有"不值得"的看待;我劝你多打网球,多弹钢琴,多栽花,多搬砖弄瓦。假如你不喜欢这些玩意儿,你就谈谈笑笑,跑跑跳跳,也是好的。就在此祝你:

谈谈笑笑,

跑跑跳跳!

你的朋友,光潜

谈静 三

朋友：

前信谈动，只说出一面真理。人生乐趣一半得之于活动，也还有一半得之于感受。所谓"感受"是被动的，是容许自然界事物感动我的感官和心灵。这两个字含义极广。眼见颜色，耳闻声音，是感受；见颜色而知其美，闻声音而知其和，也是感受。同一美颜，同一和声，而各个人所见到的美与和的程度又随天资境遇而不同。比方路边有一棵苍松，你看见它只觉得可以砍来造船；我见到它可以让人纳凉；旁人也许说它很宜于入画，或者说它是高风亮节的象征。再比方街上有一个乞丐，我只能见到他的蓬头垢面，觉得他很讨厌；你见他便发慈悲心，给他一个铜子；旁人见到他也许立刻发下宏愿，要打翻社会制度。这几个人反应不同，都由于感受力有强有弱。

世间天才之所以为天才，固然由于具有伟大的创造力，而他的感受力也分外比一般人强烈。比方诗人和美术家，你见不到的东西他能见到，你闻不到的东西他能闻到。麻木不仁的人就不然，你就请伯牙向他弹琴，他也只联想到棉匠弹棉花。感受也可以说是"领略"，不过领略只是感受的一方面。世界上最快活的人不仅是最活动的人，也是最能领略的人。所谓领略，就是能在生活中寻出趣味。好比喝茶，渴汉只管满口吞咽，会喝茶的人却一口一口地细啜，能领略其中风味。

能处处领略到趣味的人绝不至于岑寂，也绝不至于烦闷。朱子有一首诗说："半亩方塘一鉴开，天光云影共徘徊。问渠那得清如许？为有源头活水来。"这是一种绝美的境界。你姑且闭目一思索，把这幅图画印在脑里，然后假想这半亩方塘便是你自己的心，你看这首诗比拟人生苦乐多么惬当！一般人的生活干燥，只是因为他们的"半亩方塘"中没有天光云影，没有源头活水来，这源头活水便是领略得的趣味。

领略趣味的能力固然一半由于天资，一半也由于修养。大约静中比较容易见出趣味。物理上有一条定律说：两物不能同时并存于同一空间。这个定律在心理方面也可以说得通。一般人不能感受趣味，大半因为心地太忙，不空所以不灵。我所谓"静"，便是指心界的空灵，不是指物界的沉寂，物界永远不沉寂的。你的心境愈空灵，你愈不觉得物界沉寂，或者我还可以进一步说，你的心界愈空灵，你也愈不觉得物界喧嘈。所以习静并不必定要逃空谷，也不必定学佛家静坐参禅。静与闲也不同。许多闲人不必都能领略静中趣味，而能领略静中趣味的人，也不必定要闲。在百忙中，在廛市喧嚷中，你偶然丢开一切，悠然遐想，你心中便蓦然似有一道灵光闪烁，无穷妙悟便源源而来。这就是忙中静趣。

我这番话都是替两句人人知道的诗下注脚。这两句诗就是："万物静观皆自得，四时佳兴与人同。"大约诗人的领略力比一般人都要大。近来看周作人的《雨天的书》引日本人小林一茶的一首俳句：

不要打哪，苍蝇搓他的手，搓他的脚呢。

觉得这种情境真是幽美。你懂得这一句诗就懂得我所谓静趣。中国诗人到这种境界的也很多。现在姑且就一时所想到的写几句给你看：

鱼戏莲叶东，鱼戏莲叶西，鱼戏莲叶南，鱼戏莲叶北。

——古诗，作者姓名佚

山涤余霭，宇暖微霄。有风自南，翼彼新苗。

——陶渊明《时运》

采菊东篱下，悠然见南山。山气日夕佳，飞鸟相与还。

——陶渊明《饮酒》

目送飘鸿，手挥五弦。俯仰自得，游心太玄。

——嵇叔夜《送秀才从军》

倚仗柴门外，临风听暮蝉。渡头余落日，墟里上孤烟。

——王摩诘《赠裴迪》

像这一类描写静趣的诗，唐人五言绝句中最多。你只要仔细玩味，你便可以见到这个宇宙又有一种景象，为你平时所未见到的。梁任公的《饮冰室文集》里有一篇谈"烟士披里纯"，詹姆士的《与教员学生谈话》（James：*Talks To Teachers and Students*）里面有三篇谈人生观，关于静趣都说得很透辟。可惜此时这两部书都不在手边，不能录几段出来给你看。你最好自己到图书馆里去查阅。詹姆士的《与教员学生谈话》那三篇文章（最后三篇）尤其值得一读，记得我从前读这三篇文章，很受他感动。

静的修养不仅是可以使你领略趣味，对于求学处事都有极大帮助。释迦牟尼在菩提树荫静坐而证道的故事，你是知道的。古今许多伟大人物常能在仓皇扰乱中雍容应付事变，丝毫不觉张皇，就因为能镇静。现代生活忙碌，而青年人又多浮躁。你站在这潮流里，自然也难免跟着旁人乱嚷。不过忙里偶然偷闲，闹中偶然习静，于身于心，都有极大裨益。你多在静中领略些趣味,不特你自己受用,就是你的朋友们看着你也快慰些。我生平不怕呆人,也不怕聪明过度的人,只是对着没有趣味的人,要勉强同他说应酬话,真是觉得苦也。你对着有趣味的人,你并不必多谈话,只是默然相对,心领神会,便可觉得朋友中间的无上至乐。你有时大概也发生同样感想罢?

眠食诸希珍重!

你的朋友,光潜

四 谈中学生与社会运动

朋友：

　　第一封信曾谈到，孙中山先生知难行易的学说和不读书而空谈革命的危险。这个问题有特别提出讨论的必要，所以再拿它来和你商量商量。

　　你还记得叶楚伧先生的演讲吧？他说，如今中国在学者只言学，在工者只言工，在什么者只言什么，结果弄得没有一个在国言国的人，而国事之糟，遂无人过问。叶先生在这里只主张在学者应言国，却未明言在国亦必言学。恽代英先生更进一步说，中国从孔孟二先生以后，读过二千几百年的书，讲过二千几百年的道德，仍然无补国事，所以读书讲道德无用，一切青年都应该加入战线去革命。这是一派的主张。

同时你也许见过前几年的上海大同大学的章程，里面有一条大书特书："本校主张以读书救国，凡好参加爱国运动者不必来！"这并不是大同大学的特有论调，凡遇学潮发生，你走到一个店铺里，或是坐在一个校务会议席上，你定会发现大家所窃窃私语、引为深忧的都不外"学生不读书，而好闹事"一类的话。因为这是可以深忧的，教育部所以三令五申，"整顿学风！"这又是一派的主张。

叶、恽诸先生们是替国民党宣传的。你知道我无党籍，而却深信中国想达民治必经党治。所以我如果批评叶、恽二先生，非别有用意，乃责备贤者，他们在青年中物望所系，出言不慎，便不免贻害无穷。比方叶先生的话就有许多语病。国家是人民组合体，在学者能言学，在工者能言工，在什么者能言什么，合而言之，就是在国言国。如今中国弊端就在在学者不言学、在工者不言工，大家都抛弃分内事而空谈爱国。结果学废工弛，而国也就不能救好，这是显然的事实。恽先生从中国历史证明读书无用，也颇令人怀疑。法国革命单是丹东、罗伯斯庇尔的功劳，而卢梭、伏尔泰没有影响吗？近代经济革命单是列宁的功劳而著《资本论》的马克思没有影响吗？思想革命成功，制度革命才能实现。辛亥革命还未成功，不是制度革命未成功，是思想革命未成功，这是大家应该承认的。

中国人蜂子孵蛆的心理太重，只管煽动人"类我类我"！比方我欢喜谈国事，就藐视你读书；你欢喜读书，就藐视我谈国事。其实单面锣鼓打不成闹台戏。要撑起中国场面，也要生旦净丑角俱全。我们对于鼓吹青年都抛开书本去谈革命的人，固不敢赞同，而对于悬参与爱国运动为厉禁的学校也觉得未免矫枉过正。学校与社会绝缘，教育与生活绝缘，在学理上就说不通。若谈事实，则这一代的青年、这一代的领袖，此时如果毫无准备，想将来理乱不问的书生一旦会变成措置咸宜的社会改造者，也是痴人妄想。固然，在秩序安宁的国家里，所谓"天下有道，则庶人不议"，用不着学生去干预政治。可是在目前中国，又另有说法。民众未醒觉，舆论未成立，教育界中人本良心主张去监督政府，也并不算越职。总而言之，救国读书都不可偏废。蔡孑民先生说："读书不忘救国，救国不忘读书。"这两句话是青年人最稳妥的座右铭。

所谓救国，并非空口谈革命所可了事。我们跟着社会运动家喊"打倒军阀""打倒帝国主义"，力已竭，声已嘶了。而军阀淫威既未稍减，帝国主义的势力也还在扩张。朋友，空口呐喊大概有些靠不住罢？北方人奚落南方人，往往说南方人打架，双方都站在自家门里摩拳擦掌对骂，你说："你来，我要打杀你这个杂种！"我说："我要送你这条狗命见阎王。"结果半拳不挥，一哄而散。住在租界谈革命的人不也是这样空摆威风吗？

"五四"以来，种种运动只在外交方面稍生微力。但是你如果把这点微力看得了不得的重要，那你就未免自欺。"夫人必自侮，而后人侮之。""自侮"的成分一日不减绝，你一日不能怪人家侮你。你应该回头看看你自己是什么样的一个人，看看政府是什么样的一个政府，看看人民是什么样的一个人民。向外人争"脸"固然要紧；可是你切莫要因此忘记你自己的家丑！

家丑如何洗得清？我从前想，要改造中国，应由下而上，由地方而中央，由人民而政府，由部分而全体，近来觉得这种见解不甚精当，国家是一种有机体，全体与部分都息息相关，所以整顿中国，由中央而地方的改革，和由地方而中央的改革须得同时并进。不过从前一般社会运动家大半太重视国家大政，太轻视乡村细务了。我们此后应该排起队伍，"向民间去"。

我记得在香港听孙中山先生谈他当初何以想起革命的故事。他少年时在香港学医，欢喜在外面散步，他觉得香港街道既那样整洁，他香山县的街道就不应该那样污秽。他回到香山县，就亲自去做清道夫，后来居然把他门前的街道打扫干净了。他因而想到一切社会上的污浊，都应该，都可以如此清理。这才是真正革命家！别人不管，我自己只能做小事。别人鼓吹普及教育，我只提起粉笔诚诚恳恳的当一个中小学教员；别人提倡国货，我只能穿起土布衣到乡下去办一个小工厂；别人喊打倒军阀，我只能苦劝我的表兄不当兵；别人发电报攻击贿选，吾侪小人，发电报也没有人理会，我只能集合同志出死力和地方绅士奋斗，不叫买票卖票的事在我自己乡里发生。大事小事都要人去做。我不敢说别人做的不如我做的重要。但是别人如果定要拉我丢开这些末节去谈革命,我只能敬谢不敏(屠格涅夫的《父与子》里那位少年虚无党临死时所说的话,最使我感动,可惜书不在身旁,不能抄译给你看,你自己寻去罢)。

总而言之,到民间去!要到民间去,先要把学生架子丢开。我记得初进中学时,有一天穿着短衣出去散步,路上遇见一个老班同学,他立刻就竖起老班的喉嗓子问我:"你的长衫到哪里去了?"教育尊严,哪有学生出门而不穿长衫子?街上人看见学生不穿长衣,还成什么体统?我那时就逐渐学得些学生的尊严了。有时提起篮子去买菜,也不免羞羞涩涩的,此事虽小,可以喻大。现在一般青年的心理大半都还没根本改变。学生自成一种特殊阶级,把社会看成待我改造的阶级。这种学者的架子早已御人于千里之外,还谈什么社会运动?你尽管说运动,社会却不敢高攀,受你的运动。这不是近几年的情形吗?

老实说,社会已经把你我看成眼中钉了。这并非完全是社会的过处。现在一般学生,有几个人配谈革命?吞剥捐款、聚赌宿娼的是否没曾充过代表、赴国大会?勾结绅士政客以捣乱学校的是否没曾谈过教育尊严?向日本政府立誓感恩以分润庚子赔款的,是否没曾喊过打倒帝国主义?其实,社会还算是客气,他们如要是提笔写学生罪状,怕没有材料吗?你也许说,任何团体都有少数败类,不能让全体替少数人负过。但是青年人都有过于自尊的幻觉,在你谈爱国谈革命以前,你总应该默诵几声"君子求诸己!"

话又说长了,再见罢!

你的朋友,光潜

五 谈十字街头

朋友：

岁暮天寒，得暇便围炉嘘烟遐想。今日偶然想到日本厨川白村的《出了象牙之塔》和《走向十字街头》两部书，觉得命名大可玩味。玩味之余，不觉发生一种反感。

所谓《走向十字街头》有两种解释。从前学士大夫好以清高名贵相尚，所以力求与世绝缘，冥心孤往。但是闭户读书的成就总难免空疏虚伪。近代哲学与文艺都逐渐趋向唯实，于是大家都极力提倡与现实生活接触。世传苏格拉底把哲学从天上搬到地下，这是"走向十字街头"的一种意义。

学术思想是天下公物，须得流布人间，以求雅俗共赏。威廉·莫理斯和托尔斯泰所主张的艺术民众化，叔琴先生在《一般》诞生号中所主张的特殊的一般化,爱迪生所谓把哲学从课室图书馆搬到茶寮客座,这是"走向十字街头"的另一意义。

这两种意义都含有极大的真理。可是在这"德谟克拉西"呼声极高的时代,大家总不免忘记关于十字街头的另一面真理。

十字街头的空气中究竟含有许多腐败剂,学术思想出了象牙之塔到了十字街头以后,一般化的结果常不免流为俗化(vulgarized)。昨日的殉道者,今日或成为市场偶像,而真纯面目便不免因之污损了。到市场而不成为偶像,成偶像而不至于破落,都是很难的事。老学经过流俗化以后,其结果乃为白云观以静坐骗铜子的道士。易学经过流俗化以后,其结果乃为街头摆摊卖卜的江湖客。佛学经过流俗化以后,其结果乃为祈财求子的三姑六婆和秃头肥脑的蠢和尚。这都是世人所共见周知的。不必远说,且看西方科学、哲学和文学落到时下一般打学者冒牌的人手里,弄得成何体统!

寂居文艺之宫,固然会像不流通的清水,终久要变成污浊恶臭的。可是十字街头的叫嚣,十字街头的尘粪,十字街头的挤眉弄眼,都处处引诱你汨没自我。臣门如市,臣心就绝不能如水。名利、声势、虚伪、刻薄、肤浅、欺侮等字样,听起来多么刺耳朵,实际上谁能摆脱得净尽?所以站在十字街头的人们——尤其是青年——要时时戒备十字街头的危险,要时时回首瞻顾象牙之塔。

十字街头上握有最大威权的是习俗。习俗有两种,一为传说

（tradition），一为时尚（fashion）。儒家的礼教，五芳斋的馄饨，是传说；新文化运动，四马路的新装，是时尚。传说尊旧，时尚趋新，新旧虽不同，而盲从附和，不假思索，则根本无二致。社会是专制的，是压迫的，是不容自我伸张的。比方九十九个人守贞节，你一个人偏要不贞，你固然是伤风败俗，大逆不道；可是如果九十九个人都是娼妓，你一个人偏要守贞节，你也会成为社会公敌，被人唾弃的。因此，苏格拉底所以饮鸩，伽利略所以被教会加罪，罗曼·罗兰、克罗齐、罗素所以在欧战期中被人谩骂。

本来风化习俗这件东西，孽虽造得不少，而为维持社会安宁计，却亦不能尽废。人与人相接触，问题就会发生。如果世界只有我，法律固为虚文，而道德也便无意义。人类须有法律道德维持，固足证其顽劣；然而人类既顽劣，道德法律也就不能勾销。所以老庄上德不德、绝圣弃智的主张，理想虽高，而究不适于顽劣的人类社会。

习俗对于维持社会安宁，自有相当价值，我们是不能否认的。可是以维持安宁为社会唯一目的，则未免大错特错。习俗是守旧的，而社会则须时时翻新，才能增长滋大，所以习俗有时时打破的必要。人是一种贱动物，只好模仿因袭，不乐改革创造。所以维持固有的风化，用不着你费力。你让它去，世间自有一般庸人懒人去担心。可是要打破一种习俗，却不是一件易事。物理学上仿佛有一条定律说，凡物既静，不加力不动。而所加的力必比静物的惰力大，才能使它动。

打破习俗，你须以一二人之力，抵抗千万人之惰力，所以非有雷霆万钧的力量不可。因此，习俗的背叛者比习俗的顺从者较为难能可贵，从历史看社会进化，都是靠着几个站在十字街头而能向十字街头宣战的人。这般人的报酬往往不是十字架，就是断头台。可是世间只有他们才是不朽，倘若世界没有他们这些殉道者，人类早已为乌烟瘴气闷死了。

一种社会所最可怕的不是民众浮浅顽劣，因为民众通常都是浮浅顽劣的；它所最可怕的是没有在肤浅卑劣的环境中而能不肤浅不卑劣的人。比方英国民众就是很沉滞顽劣的，然而在这种沉滞顽劣的社会中，偶尔跳出一二个性坚强的人，如雪莱、卡莱尔、罗素等，其特立独行的胆与识，却非其他民族所可多得。这是英国人力量所在的地方。路易·狄更生尝批评日本，说她是一个没有柏拉图和亚里士多德的希腊，所以不能造伟大的境界。据生物学家说，物竞天择的结果不能产生新种，要产生新种须经突变（sports）。所谓突变，是指不像同种的新裔。社会也是如此，它能否生长滋大，就看它有无突变式的分子；换句话说，就看十字街头的矮人群中有没有几个大汉。

说到这点，我不能不替我们中国人汗颜了。处人胯下的印度还有一位泰戈尔和一位甘地，而中国满街只是一些打冒牌的学者和打冒牌的社会运动家。强者皇然叫嚣，弱者随声附和；旧者盲从传说，新者盲从时尚。相习成风，每况愈下，而社会之浮浅顽劣虚伪酷毒，乃日不可收拾。在这个当儿，站在十字街头的我们青年怎能免彷徨失措？朋友，昔人临歧而哭，假如你看清你面前的险径，你会心寒胆裂哟！围着你的全是浮浅顽劣虚伪酷毒，你只有两种应付方法：你只有和它冲突，要不然，就和它妥洽。在现时这种状况之下，冲突就是烦恼，妥洽就是堕落。无论走哪一条路，结果都是悲剧。

但是，朋友，你我正不必因此颓丧！假如我们的力量够，冲突结果，也许是战胜。让我们相信世界达真理之路只有自由思想，让我们时时记着十字街头浮浅虚伪的传说和时尚都是真理路上的障碍，让我们本着少年的勇气把一切市场偶像打得粉碎！

最后，打破偶像，也并非鲁莽叫嚣所可了事。鲁莽叫嚣还是十字街头的特色，是浮浅卑劣的表征。我们要能于叫嚣扰攘中：以冷静态度，灼见世弊；以深沉思考，规划方略；以坚强意志，征服障碍。总而言之，我们要自由伸张自我，不要汩没在十字街头的影响里去。

朋友，让我们一齐努力罢！

你的同志，光潜

六 谈多元宇宙

朋友：

你看到"多元宇宙"这个名词，也许联想到詹姆士的哲学名著。但是你不用害怕我谈玄，你知道我是一个不懂哲学而且厌听哲学的人。今天也只是吃家常便饭似的，随便谈谈，与詹姆士毫无关系。

年假中朋友们无事来闲谈，"言不及义"的时候，动辄牵涉到恋爱问题。各人见解不同，而我所援以辩护恋爱的便是我所谓"多元宇宙"。

什么叫作"多元宇宙"呢？

人生是多方面的，每方面如果发展到极点，都自有其特殊宇宙和特殊价值标准。我们不能以甲宇宙中的标准，测量乙宇宙中的价值。如果勉强以甲宇宙中的标准，测量乙宇宙中的价值，则乙宇宙便失其独立性，而只在乙宇宙中可尽量发展的那一部分性格便不免退处于无形。

各人资禀经验不同，而所见到的宇宙，其种类多寡，量积大小，也不一致。一般人所以为最切己而最推重的是"道德的宇宙"。"道德的宇宙"是与社会俱生的。如果世间只有我，"道德的宇宙"便不能成立。比方没有父母，便无孝慈可言；没有亲友，便无信义可言。人与人相接触以后，然后道德的需要便因之而起。人是社会的动物，而同时又秉有反社会的天性。想调剂社会的需要与利己的欲望，人与人中间的关系不能不有法律道德为之维护。因有法律存在，我不能以利己欲望妨害他人，他人也不能以利己欲望妨害我，于是彼此乃宴然相安。因有道德存在，我尽心竭力以使他人享受幸福，他人也尽心竭力以使我享受幸福，于是彼此乃欢然同乐，社会中种种成文的礼法和默认的信条都是根据这个基本原理。服从这种礼法和信条便是善，破坏这种礼法和信条便是恶。善恶便是"道德的宇宙"中的价值标准。

我们既为社会中人，享受社会所赋予的权利，便不能不对于社会负有相当义务，不能不趋善避恶，以求达到"道德的宇宙"的价值标准的最高点。在"道德的宇宙"中，如果能登峰造极，也自能实现伟大的自我，孔子、苏格拉底和耶稣诸人的风范所以照耀千古。

但是"道德的宇宙"绝不是人生唯一的宇宙，而善恶也绝不能算是一切价值的标准，这是我们中国人往往忽略的道理。

比方在"科学的宇宙"中,善恶便不是合适的价值标准。"科学的宇宙"中的适当价值标准只是真伪。科学家只问:这个定律是否合于事实?这个结论是否没有讹错,他们绝问不到"物体向地心下坠"合乎道德吗?"勾方加股方等于弦方"有些不仁不义罢?固然"科学的宇宙"也有时和"道德的宇宙"相抵触,但是科学家只当心真理而不顾社会信条。伽利略宣传哥白尼地动说,达尔文主张生物是进化而不是神造的,就教会眼光看,他们都是不道德的,因为他们直接的辩驳圣经,间接的摇动宗教和它的道德信条。可是伽利略和达尔文是"科学的宇宙"中的人物,从"道德的宇宙"所发出来的命令,他们则不敢奉命唯谨。科学家的这种独立自由的态度到现代更渐趋明显。比方伦理学从前是指导行为的规范科学,而近来却都逐渐向纯粹科学的路上走,它们的问题也逐渐由"应该或不应该如此"变为"实在是如此或不如此"了。

其次,"美术的宇宙"也是自由独立的。美术的价值标准既不是是非,也不是善恶,只是美丑。从希腊以来,学者对于美术有三种不同的见解。一派以为美术含有道德的教训,可以陶冶性情。一派以为美术的最大功用只在供人享乐。第三派则折中两说,以为美术既是教人道德的,又是供人享乐的。好比药丸加上糖衣,吃下去又甜又受用。这三种学说在近代都已被人推翻了。现代美术家只是"为美术而言美术"(Art for Art's Sake)。意大利美学泰斗克罗齐并且说美和善是绝对不能混为一谈的。因为道德行为都是起于意志,而美术品只是直觉得来的意象,无关意志,所以无关道德。这并非说美术是不道德的,美术既非"道德的",也非"不道德的",它只是"超道德的"。说一个幻想是道德的,或者说一幅画是不道德的,是无异于说一个方形是道德的,或者说一个三角形是不道德的,同为毫无意义。美术家最大的使命,求创造一种意境,而意境必须超脱现实。我们可以说,在美术方面,不能"脱实"便是不能"脱俗"。因此,从"道德的宇宙"中的标准看,曹操、阮大铖、李波·李披(Fra Lippo Lippi)和拜伦一般人都不是圣贤,而从"美术的宇宙"中的标准看,这些人都不失其为大诗家或大画家。

再其次,我以为恋爱也是自成一个宇宙;在"恋爱的宇宙"里,我们只能问某人之爱某人是否真纯,不能问某人之爱某人是否应该。其实就是只"应该不应该"的问题,恋爱也是不能打消的。从生物学观点看,生殖对于种族为重大的利益,而对于个体则为重大的牺牲。带有重大的牺牲,不能不兼有重大的引诱,所以性欲本能在诸本能中最为强烈。我们可以说,人应该生存,应该绵延种族,所以应该恋爱。但是这番话仍然是站在"道德的宇宙"中说的,在"恋爱的宇宙"中,恋爱不是这样机械的东西,它是至上的,神圣的,含有无穷奥秘的。在恋爱的状态中,两人脉搏的一起一落,两人心灵一往一复,都恰能忻合无间。在这种境界,如果身家、财产、学业、名誉、道德等观念渗入一分，则恋爱真纯的程度便须减少一分。真能恋爱的人只是为恋爱而恋爱，恋爱以外，不复另有宇宙。

"恋爱的宇宙"和"道德的宇宙"虽不必定要不能相容，而在实际上往往互相冲突。恋爱和道德相冲突时，我们既不能两全，应该牺牲恋爱呢，还是牺牲道德呢？道德家说，道德至上，应牺牲恋爱。爱伦凯一般人说，恋爱至上，应牺牲道德。就我看，这所谓"道德至上"与"恋爱至上"都未免笼统。我们应该加上形容句子说，在"道德的宇宙"中道德至上，在"恋爱的宇宙"中恋爱至上。所以遇着恋爱和道德相冲突时，社会本其"道德的宇宙"的标准，对于恋爱者大肆其攻击诋毁，是分所应有的事，因为不如此则社会赖以维持的道德难免隳丧；而恋爱者整个的酣醉于"恋爱的宇宙"里，毅然不顾一切，也是分所应有的事，因为不如此则恋爱不真纯。

"恋爱的宇宙"中，往往也可以表现出最伟大的人格。我时常想，能够恨人极点的人和能够爱人极点的人都不是庸人。日本民族是一个有生气的民族，因他们中间有人能够以嫌怨杀人，有人能够为恋爱自杀。我们中国人随在都讲"中庸"，恋爱也只能达到温汤热。所以为恋爱而受社会攻击的人，立刻就登报自辩。这不能不算是根性浅薄的表征。

朋友，我每次写信给你都写到第六张信笺为止。今天已写完第六张信笺了，可是如果就在此搁笔，恐怕不免叫人误解，让我在收尾时郑重声明一句罢。恋爱是至上的,是神圣的,所以也是最难遭遇的。"道德的宇宙"里真正的圣贤少,"科学的宇宙"里绝对真理不易得,"美术的宇宙"里完美的作家寥寥,"恋爱的宇宙"里真正的恋爱人更是凤毛麟角。恋爱是人格的交感共鸣,所以恋爱真纯的程度以人格高下为准。一般人误解恋爱,动于一时飘忽的性欲冲动而发生婚姻关系,境过则情迁,色衰则爱驰,这虽是冒名恋爱,实则只是纵欲。我为真正恋爱辩护,我却不愿为纵欲辩护,我愿青年应该懂得恋爱神圣,我却不愿青年在血气未定的时候,去盲目地假恋爱之名寻求泄欲。

意长纸短,你大概已经懂得我的主张了罢?

你的朋友,光潜

七 谈升学与选课

朋友：

你快要在中学毕业了，此时升学问题自然常在脑中盘旋。这一着也是人生一大关键，所以值得你慎而又慎。

升学问题分析起来便成为两个问题，第一是选校问题，第二是选科问题。这两个问题自然是密切相关的，但是为说话清晰起见，分开来说，较为便利。

我把选校问题放在第一，因为青年们对于选校是最容易走入迷途的。现在中国社会还带有科举时代的资格迷。比方小学才毕业便希望进中学，大学才毕业便希望出洋，出洋基本学问还没有做好，便希望掇拾中国古色斑斑的东西去换博士。学校文凭只是一种找饭碗的敲门砖。学校招牌愈亮，文凭就愈行时，实学是无人过问的。社会既有这种资格迷，而资格买卖所便乘机而起。租三间铺面，拉拢一个名流当"名誉校长"，便可挂起一个某某大学的招牌。只看上海一隅，大学的总数比较英或法全国大学的总数似乎还要超过，谁说中国文化没有提高呢？大学既多，只是称"大学"还不能动听，于是"大学"之上又冠以"美国政府注册"的头衔。既"大学"而又在"美国政府注册"，生意自然更加茂盛了。何况许多名流又肯"热心教育"做"名誉校长"呢？

朋友，可惜这些多如牛毛的大学都不能解决我们升学的困难，因为那些有"名誉校长"或是"美国政府注册"的大学，是预备让有钱可花的少爷公子们去逍遥岁月，像你我既无钱可花，又无时光可花，只好望望然去罢。好在他们的生意并不会因我们"杯葛"而低落的。我们求学最难得的是诚恳的良师与和爱的益友，所以选校应该以有无诚恳、和爱的空气为准。如果能得这种学校空气，无论是大学不是大学，我们都可以心满意足。做学问全赖自己，做事业也全赖自己，与资格都无关系。我看过许多留学生程度不如本国大学生，许多大学生程度不如中学生。至于凭资格去混事做，学校的资格在今日是不大高贵的，你如果作此想，最好去逢迎奔走，因为那是一条较捷的路径。

升学问题，跨进大学门限以后，还不能算完全解决。选科选课还得费你几番踌躇。在选课的当儿，个人兴趣与社会需要尝不免互相冲突。许多人升学选课都以社会需要为准。从前人都欢迎速成法政；我在中学时代，许多同学都希望进军官学校或是教会大学；我进了高等师范，那要算是穷人末路。那时高等师范里最时髦的是英文科，我选了国文科，那要算是腐儒末路。杜威来中国时，哥伦比亚大学的留学生把教育学也弄得很热闹。近来书店逐渐增多，出诗文集一天容易似一天，文学的风头也算是出得十足透顶。听说现在法政经济又很走时了。朋友，你是学文学或是学法政呢？"学以致用"本来不是一种坏的主张；但是资禀兴趣人各不同，你假若为社会需要而忘却自己，你就未免是一位"今之学者"了。任何科目，只要和你兴趣资禀相近，都可以发挥你的聪明才力，都可以使你效用于社会。所以你选课时，旁的问题都可以丢开，只要问："这门功课合我的胃口吗？"

我时常想，做学问，做事业，在人生中都只能算是第二桩事。人生第一桩事是生活。我所谓"生活"是"享受"，是"领略"，是"培养生机"。假若为学问为事业而忘却生活，那种学问、事业在人生中便失其真正意义与价值。因此，我们不应该把自己看作社会的机械。一味迎合社会需要而不顾自己兴趣的人，就没有明白这个简单的道理。

我把生活看作人生第一桩要事，所以不赞成早谈专门；早谈专门便是早走狭路，而早走狭路的人对于生活常不能见得面面俱到。前天 G 君对我谈过一个故事，颇有趣，很可说明我的道理。他说，有一天，一个中国人、一个印度人和一个美国人游历，走到一个大瀑布前面，三人都看得发呆。中国人说："自然真是美丽！"印度人说："在这种地方才见到神的力量呢！"美国人说："可惜偌大水力都空费了！"这三句话各各不同，各有各的真理，也各有各的缺陷。在完美的世界里，我们在瀑布中应能同时见到自然的美丽、神力的广大和水力的实用。许多人因为站在狭路上，只能见到诸方面的某一面，便说他人所见到的都不如他的真确。前几年大家曾煞有介事地争辩哲学和科学，争辩美术和宗教，不都是坐井观天诬天渺小吗？

我最怕和谈专门的书呆子在一起，你同他谈话，他三句话就不离本行。谈到本行以外，旁人所以为兴味盎然的事物，他听之则麻木不能感觉。像这样的人是因为做学问而忘记生活了。我特地提出这一点来说，因为我想现在许多人大谈职业教育，而不知单讲职业教育也颇危险。我并非反对职业教育，我却深深地感觉到职业教育应该有宽大自由教育（liberal education）做根底。倘若先没有多方面的宽大自由教育做根底，则职业教育的流弊，在个人方面，常使生活单调乏味，在社会方面，常使文化浮浅褊狭。

许多人一开口就谈专门（specialization）、谈研究（research work）。他们说，欧美学问进步所以迅速，由于治学尚专门。原来不专则不精，固是自然之理，可是"专"也并非是任何人所能说的。倘若基础树得不宽广，你就是"专"，也绝不能"专"到多远路。自然和学问都是有机的系统，其中各部分常息息相通，牵此则动彼。倘若你对于其他各部分都茫无所知，而专门研究某一部分，实在是不可能的。哲学和历史，须有一切学问做根底；文学与哲学、历史也密切相关；科学是比较可以专习的，而实亦不尽然。比方生物学，要研究到精深的地步，不能不通化学，不能不通物理学，不能不通地质学，不能不通数学和统计学，不能不通心理学。许多人连动物学和植物学的基础也没有，便谈专门研究生物学，是无异于未学爬而先学跑的。我时常想，学问这件东西，先要能博大而后能精深。"博学守约"，真是至理名言。亚里士多德是种种学问的祖宗。康德在大学里几乎能担任一切功课的教授。歌德盖代文豪而于科学上也很有建树。亚当·斯密是英国经济学的始祖，而他在大学是教授文学的。近如罗素，他对于数学、哲学、政治学样样都能登峰造极。这是我信笔写来的几个确例。西方大学者（尤其是在文学方面）大半都能同时擅长几种学问的。

我从前预备再做学生时，也曾痴心妄想过专门研究某科中的某某问题。来欧以后，看看旁人做学问所走的路径，总觉悟像我这样浅薄，就谈专门研究，真可谓"颜之厚矣"！我此时才知道从前在国内听大家所谈的"专门"是怎么一回事。中国一般学者的通弊就在不重根基而侈谈高远。比方"讲东西文化"的人，可以不通哲学，可以不通文学和美术，可以不通历史，可以不通科学，可以不懂宗教，而信口开河，凭空立说；历史学者闻之窃笑，科学家闻之窃笑，文艺批评学者闻之窃笑，只是发议论者自己在那里洋洋得意。再比方著世界文学史的人，法国文学可以不懂，英国文学可以不懂，德国文学可以不懂，希腊文学可以不懂，中国文学可以不懂，而东抄西袭，堆砌成篇，使法国文学学者见之窃笑，英国文学学者见之窃笑，中国文学学者见之窃笑，只是著书人自己在那里大吹喇叭。这真所谓"放屁放屁，真正岂有此理"！

朋友，你就是升到大学里去，千万莫要染着时下习气，侈谈高远而不注意把根基打得宽大稳固。我和你相知甚深，客气话似用不着说。我以为你在中学所打的基本学问的基础还不能算是稳固，还不能使你进一步谈高深专门的学问。至少在大学头一二年中，你须得尽力多选功课，所谓多选功课，自然也有一个限制。贪多而不务得，也是一种毛病。我是说，在你的精力时间可能范围以内，你须极力求多方面的发展。

最后，我这番话只是对你的情形而发的。我不敢说一切中学生都要趁着这条路走。但是对于预备将来专门学某一科而谋深造的人——尤其是所学的关于文哲和社会科学方面——我的忠告总含有若干真理。

同时，我也很愿听听你自己的意见。

你的好友，光潜

谈作文

八

朋友：

我们对于许多事，自己愈不会做，愈望朋友做得好。我生平最大憾事就是对于美术和运动都一无所长。幼时薄视艺事为小技，此时亦偶发宏愿去学习，终苦于心劳力拙，怏怏然废去。所以每遇年幼好友，就劝他趁早学一种音乐，学一项运动。

其次，我极羡慕他人做得好文章。每读到一种好作品，看见自己所久想说出而说不出的话，被他人轻轻易易地说出来了，一方面固然以作者"先获我心"为快，而另一方面也不免心怀惭怍。唯其惭怍，所以每遇年幼好友，也苦口劝他练习作文，虽然明明知道人家会奚落我说："你这样起劲谈作文，你自己的文章就做得'蹩脚'！"

文章是可以练习的吗？迷信天才的人自然嗤着鼻子这样问。但是在一切艺术里，天资和人力都不可偏废。古今许多第一流作者大半都经过刻苦的推敲揣摩的训练。法国福楼拜尝费三个月的功夫做成一句文章；莫泊桑尝登门请教，福楼拜叫他把十年辛苦成就的稿本付之一炬，重新开始学描实境。我们读莫泊桑那样的极自然极轻巧极流利的小说，谁想到他的文字也是费功夫做出来的呢？我近来看见两段文章，觉得是青年作者应该悬为座右铭的，写在下面给你看看：

一段是从托尔斯泰的儿子 Count Ilya Tolstoy 所做的《回想录》（*Reminiscences*）里面译出来的，这段记载托尔斯泰著《婀娜小传》（*Anna Karenina*）修稿时的情形。他说："《婀娜小传》初登俄报 *Vyetnik* 时，底页都须寄吾父亲自校对。他起初在纸边加印刷符号如删削句读等，继而改字，继而改句，继而又大加增删，到最后，那张底页便成百孔千疮，糊涂得不可辨识。幸吾母尚能认清他的习用符号以及更改增删。她尝终夜不眠替吾父誊清改过底页。次晨，她便把他很整洁的清稿摆在桌上，预备他下来拿去付邮。吾父把这清稿又拿到书房里去看'最后一遍'，到晚间这清稿又重新涂改过，比原来那张底页要更加糊涂，吾母只得再抄一遍。他很不安地向吾母道歉：'松雅吾爱，真对不起你，我又把你誊的稿子弄糟了。我再不改了。明天一定发出去。'但是明天之后又有明天。有时甚至于延迟几礼拜或几月。他总是说，'还有一处要再看一下'，于是把稿子再拿去改过。再誊清一遍。有时稿子已发出了，吾父忽然想到还要改几个字，便打电报去吩咐报馆替他改。"

你看托尔斯泰对文字多么谨慎，多么不惮烦！此外小泉八云给张伯伦教授（Prof. Chamberlain）的信也有一段很好的自白，他说："……题目择定，我先不去运思，因为恐怕易生厌倦。我作文只是整理笔记。我不管层次，把最得意的一部分先急忙地信笔写下。写好了，便把稿子丢开，去做其他较适意的工作。到第二天，我再把昨天所写的稿子读一遍，仔细改过，再从头至尾誊清一遍，在誊清中，新的意思自然源源而来，错误也呈现了，改正了。于是我又把他搁起，再过一天，我又修改第三遍。这一次是最重要的，结果总比原稿大有进步，可是还不能说完善。我再拿一片干净纸做最后的誊清，有时须誊两遍。经过这四五次修改以后，全篇的意思自然各归其所，而风格也就改定妥帖了。"

小泉八云以美文著名，我们读他这封信，才知道他的成功秘诀。一般人也许以为这样咬文嚼字近于迂腐。在青年心目中，这种训练尤其不合胃口。他们总以为能倚马千言、不加点窜的才算好角色。这种念头不知误尽多少苍生？在艺术田地里比在道德田地里，我们尤其要讲良心。稍有苟且，便不忠实。听说印度的甘地主办一种报纸，每逢作文之先，必斋戒静坐沉思一日夜然后动笔。我们以文字骗饭吃的人们对此能不愧死吗？

文章像其他艺术一样，"神而明之，存乎其人"，精微奥妙都不可言传，所可言传的全是糟粕。不过初学作文也应该认清路径，而这种路径是不难指点的。

学文如学画，学画可临帖，又可写生。在这两条路中间，写生自然较为重要。可是临帖也不可一笔勾销，笔法和意境在初学时总须从临帖中领会。从前中国文人学文大半全用临帖法。每人总须读过几百篇或几千篇名著，揣摩呻吟，至能背诵，然后执笔为文，手腕自然纯熟。欧洲文人虽亦重读书，而近代上品作者大半由写生入手。莫泊桑初请教于福楼拜，福楼拜叫他描写一百个不同的面孔。霸若因为要描写吉卜赛野人生活，便自己去和他们同住，可是这并非说他们完全不临帖。许多第一流作者起初都经过模仿的阶段。莎士比亚起初模仿英国旧戏剧作者，白朗宁起初模仿雪莱，陀思妥耶夫斯基和许多俄国小说家都模仿雨果。我以为向一般人说法，临帖和写生都不可偏废。所谓临帖在多读书。中国现当新旧交替时代，一般青年颇苦无书可读。新作品寥寥有数，而旧书又受复古反动影响，为新文学家所不乐道。其实冬烘学究之厌恶新小说和白话诗，和新文学运动者之攻击读经和念古诗文，都是偏见。文学上只有好坏的分别，没有新旧的分别。青年们读新书已成时髦，用不着再提倡，我只劝有闲工夫有好兴致的人对于旧书也不妨去读读看。

读书只是一步预备的工夫，真正学作文，还要特别注意写生。要写生，须勤做描写文和记叙文。中国国文教员们常埋怨学生们不会做议论文。我以为这并不算奇怪。中学生的理解和知识大半都很贫弱，胸中没有议论，何能做得出议论文？许多国文教员们叫学生入手就做议论文，这是没有脱去科举时代的陋习。初学做议论文是容易走入空疏俗滥的路上去。我以为初学作文应该从描写文和记叙文入手，这两种文做好了，议论文是很容易办的。

这封信只就一时见到的几点说说。如果你想对于作文方法还要多知道一点，我劝你看看夏丏尊和刘薰宇两先生合著的《文章作法》。这本书有许多很精当的实例，对于初学是很有用的。

光潜

九 谈情与理

朋友：

去年张东荪先生在《东方杂志》发表过两篇论文，讨论兽性问题，并提出理智救国的主张。今年李石岑先生和杜亚泉先生也为着同样问题，在《一般》上起过一番辩论。一言以蔽之，他们的争点是：我们的生活应该受理智支配呢？还是应该受感情支配呢？张、杜两先生都是理智的辩护者，而李先生则私淑尼采，对于理智颇肆抨击。我自己在生活方面，尝感着情与理的冲突。近来稍涉猎文学、哲学，又发现现代思潮的激变，也由这个冲突发轫。屡次手痒，想做一篇长文，推论情与理在生活与文化上的位置，因为牵涉过广，终于搁笔。在私人通信中，大题不妨小做，而且这个问题也是青年所急宜了解的，所以趁这次机会，粗陈鄙见。

科学家讨论事理，对于规范与事实，辨别极严。规范是应然的，是以人的意志定出一种法则来支配人类生活的。事实是实然的，是受自然法则支配的。比方伦理、教育、政治、法律、经济各种学问都侧重规范，数、理、化各种学问都侧重事实。规范虽和事实不同，而却不能不根据事实。比方在教育学中，"自由发展个性"是一种规范，而根据的是儿童心理学中的事实；在马克思派经济学中，"阶级斗争"和"劳工专政"都是规范，而"剩余价值"律和"人口过剩"律是他所根据的事实。但是一般人制定规范，往往不根据事实而根据自己的希望。不知人的希望和自然界的事实常不相侔，而规范是应该限于事实的。规范倘若不根据事实，则不特不能实现，而且漫无意义。比方在事实上二加二等于四，而人的希望往往超过事实，硬想二加二等于五。既以为二加二等于五是很好的，便硬定"二加二应该等于五"的规范，这岂不是梦语？

我所以不满意张东荪、杜亚泉诸先生的学说者，就因为他们既没有把规范和事实分别清楚，而又想离开事实，只凭自家理想去定规范。他们想把理智抬举到万能的地位，而不问在事实上理智是否万能；他们只主张理智应该支配一切生活，而不考究生活是否完全可以理智支配。我很奇怪张先生以柏格森的翻译者而抬举理智，我尤其奇怪杜先生想从哲学和心理学的观点去抨击李先生，而不知李先生的学说得自尼采，又不知他自己所根据的心理学久已陈死。

只论事实,世界文化和个人生活果能顺着理智所指的路径前进吗?现代哲学和心理学对于这个问题所给的答案是否定的。

哲学家怎么说呢?现代哲学的主要潮流可以说是十八世纪理智主义的反动。自尼采、叔本华以至于柏格森,没有人不看透理智的威权是不实在的。依现代哲学家看,宇宙的生命、社会的生命和个体的生命都只有目的而无先见(purposive without foresight)。所谓有目的,是说生命是有归宿的,是向某固定方向前进的;所谓无先见,是说在某归宿之先,生命不能自己预知归宿何所。比方母鸡孵卵,其目的在产小鸡,而这个目的却不必预存于母鸡的意识中。理智就是先见,生命不受先见支配,所以不受理智支配。这是现代哲学上一种主要思潮,而这个思潮在政治思想上演出两个相反的结论。其一为英国保守派政治哲学。他们说,理智既不能左右社会生命,所以我们应该让一切现行制度依旧存在,它们自己会变好,不用人费力去筹划改革。其一为法国行会主义(syndicalism)。这派激烈分子说,现行制度已经够坏了,把它们打破以后,任它们自己变去,纵然没有理智产生的建设方略,也绝不会有比现在更坏的制度发现出来。无论你相信哪一说,理智都不是万能的。

在心理学方面,理智主义的反动尤其剧烈。这种反动有两个大的倾向。第一个倾向是由边沁的乐利主义(hedonism)转到麦独孤的动原主义(homic theory)。乐利派心理学者以为一切行为都不外寻求快感与避免痛感。快感与痛感就是行为的动机。吾人心中预存何者发生快感、何者发生痛感的计算，而后才有寻求与避免的行为。换句话说，行为是理智的产品，而理智所去取，则以感觉之快与不快为标准。这种学说在十八十九两世纪颇盛行，到了现代，因为受麦独孤心理学者的攻击，已成体无完肤。依麦独孤派学者看，乐利主义误在倒果为因。快感与痛感是行为的结果，不是行为的动机，动作顺利，于是生快感，动作受阻碍，于是生痛感；在动作未发生之前，吾人心中实未曾运用理智，预期快感如何寻求、痛感如何避免。行为的原动力是本能与情绪，不是理智。这个道理麦独孤在他的《社会心理学》里说得很警辟。

心理学上第二个反理智的倾向是弗洛伊德派的隐意识心理学。依这派学者看，心好比大海，意识好比海面浮着的冰山，其余汪洋深湛的统是隐意识。意识在心理中所占位置甚小，而理智在意识中所占位置又甚小，所以理智的能力是极微末的。通常所谓理智，大半是理性化（rationalisation）的结果，理智之来，常不在行为未发生之前，而在行为已发生之后。行为之发生，大半由隐意识中的情意综（complexes）主持。吾人于事后须得解释辩护，于是才找出种种理由来。这便是理性化。比方一个人钟爱一个女子，天天不由自主地走到她的寓所左右。而他自己所能举出的理由只不外"去看报纸""去访她哥哥""去看那棵柳树今天开了几片新叶"一类的话。照这样说，不特理智不易驾驭感情，而理智自身也不过是感情的变相。维护理智的人喜用弗洛伊德的升华说（sublimation）做护身符，不知所谓升华大半还是隐意识作用，其中情的成分比理的成分更加重要。

总观以上各点，我们可以知道在事实上理智支配生活的能力是极微末、极薄弱的，尊理智抑感情的人在思想上是开倒车，是想由现世纪回到十八世纪。开倒车固然不一定就是坏，可是要开倒车的人应该先证明现代哲学和心理学是错误的。不然，我们绝难悦服。

更进一步，我们姑且丢开理智是否确能支配情感的问题，而衡量理智的生活是否确比情感的生活价值来得高。迷信理智的人不特假定理智能支配生活，而且假定理智的生活是尽善尽美的。第一个假定，我们已经知道，是与现代哲学和心理学相矛盾的。现在我们来研究第二个假定。

第一，我们应该知道理智的生活是很狭隘的。如果纯任理智，则美术对于生活无意义，因为离开情感，音乐只是空气的震动，图画只是涂着颜色的纸，文学只是联串起来的字。如果纯任理智，则宗教对于生活无意义，因为离开情感，自然没有神奇，而冥感灵通全是迷信。如果纯任理智，则爱对于人生也无意义，因为离开情感，男女的结合只是为着生殖。我们试想生活中无美术、无宗教（我是指宗教的狂热的情感与坚决信仰）、无爱情，还有什么意义？记得几年前有一位学生物学的朋友在《学灯》上发表一篇文章，说穷到究竟，人生只不过是吃饭与交媾。他的题目我一时记不起,仿佛是"悲""哀"一类的字。专从理智着想,他的话是千真万确的。但是他忘记了人是有感情的动物。有了感情,这个世界便另是一个世界,而这个人生便另是一个人生,绝不是吃饭交媾就可以了事的。

第二,我们应该知道理智的生活是很冷酷的,很刻薄寡恩的。理智指示我们应该做的事甚多,而我们实在做到的还不及百分之一。所做到的那百分之一大半全是由于有情感在后面驱遣。比方我天天看见很可怜的乞丐,理智也天天提醒我赈济困穷的道理,可是除非我心中怜悯的情感触动时,我百回就有九十九回不肯掏腰包。前几天听见一位国学家投河的消息,和朋友们谈,大家都觉得他太傻。他固然是傻,可是世间有许多事项得有几分傻气的人才能去做。纯信理智的人天天都打计算,有许多不利于己的事他绝不肯去做。历史上许多侠烈的事迹都是情感的而不是理智的。

人类如要完全信任理智,则不特人生趣味剥削无余,而道德亦必流为下品。严密说起,纯任理智的世界中只能有法律而不能有道德。纯任理智的人纵然也说道德,可是他们的道德是问理的道德(morality according to principle),而不是问心的道德(morality according to heart)。问理的道德迫于外力,问心的道德激于衷情,问理而不问心的道德,只能给人类以束缚而不能给人类以幸福。

比方中国人所认为百善之首的"孝",就可以当作问理的道德,也可以当作问心的道德。如果单讲理智,父母对于子女不能居功,而子女对于父母便不必言孝。这个道理胡适之先生在《答汪长禄书》里说得很透辟。他说:

> "父母于子无恩"的话,从王充、孔融以来,也很久了……今年我自己生了一个儿子,我才想到这个问题上去。我想这个孩子自己并不曾自由主张要生在我家,我们做父母的也不曾得他的同意,就糊里糊涂地给他一条生命,况且我们也并不曾有意送给他这条生命。我们既无意,如何能居功……我们生一个儿子,就好比替他种了祸根,又替社会种了祸根……所以我们教他养他,只是我们减轻罪过的法子……这可以说是恩典吗?

因此,胡先生不赞成把"儿子孝顺父母"列为一种"信条"。

胡先生所以得此结论,是假定孝只是一种报酬,只是一种问理的道德。把孝当作这样解释,我也不赞成把它"列为一种信条"。但是我们要知道真孝并不是一种报酬,并不是借债还息。孝只是一种爱,而凡爱都是以心感心,以情动情,绝不像做生意买卖,时时抓住算盘子,计算你给我二五,我应该报酬你一十。换句话说,孝是情感的,不是理智的。世间有许多慈母,不惜牺牲一切,以护养她的婴儿;世间也有许多婴儿,无论到了怎样困穷忧戚的境遇,总可以把头埋在母亲的怀里，得那不能在别处得到的保护与安慰。这就是孝的起源，这也就是一切爱的起源。这种孝全是激于至诚的，是我所谓问心的道德。

孝不是一种报酬，所以不是一种义务，把孝看成一种义务，于是"孝"就由问心的道德降而为问理的道德了。许多人"孝顺"父母，并不是因为激于情感，只因为他想凡是儿子都须得孝顺父母，才成体统。礼至而情不至，孝的意义本已丧失。儒家想因存礼以存情，于是孝变成一种虚文。像胡先生所说，"无论怎样不孝的人，一穿上麻衣，带上高粱冠，拿着哭丧棒，人家就赞他做'孝子'了"。近人非孝，也是从理智着眼，把孝看作一种债息。其实与儒家末流犯同一毛病。问理的孝可非，而问心的孝是不可非的。

孝不过是许多事例中之一种。其他一切道德也都可以有问心的和问理的分别。问理的道德虽亦不可少，而衡其价值，则在问心的道德之下。孔子讲道德注重"仁"字，孟子讲道德注重"义"字，"仁"比"义"更有价值，是孔门学者所公认的。"仁"就是问心的道德，"义"就是问理的道德。宋儒注"仁义"两个字说："仁者心之德，义者事之宜。"这是很精确的。

我说了这许多话，可以一言以蔽之，"仁"胜于"义"，问心的道德胜于问理的道德，所以情感的生活胜于理智的生活。生活是多方面的，我们不但要能够知（know），我们更要能够感（feel）。理智的生活只是片面的生活。理智没有多大能力去支配情感,纵使理智能支配情感,而理胜于情的生活和文化都不是理想的。

我对于这个问题还有许多的话,在这封信里只能言不尽意,待将来再说。

你的朋友,光潜

此文发表后,曾蒙杜亚泉先生给了一个批评(见《一般》三卷三号),当时课忙,所以没有奉复。我在此文结论中明明说过:"问理的道德虽亦不可少,而衡其价值,则在问心的道德之下。"我并没有说把理智完全勾销。杜先生也说:"我也主张主情的道德。"然则我们的意见根本并无二致。我不能不羡慕杜先生真有闲工夫。

杜先生一方面既然承认"朱先生说,'真孝并不是一种报酬'这句话很精到的",而另一方面又加上一句"但说'孝不是一种义务'这句话却错了"。我以为他可以说出一番大道理来,而下文不过是如此:"至于父母就是社会上担负教育子女义务的人……这种人在衰老的时候,社会也应该抚养他。"说明白一点咧,在子女幼时,父母曾为社会抚养子女;所以到父母老时,子女也应该为社会抚养父母。

请问杜先生,这是不是所谓报酬?承认我的"孝不是一种报酬"一语为"精到",而说明"孝是一种义务"时,又回到报酬的原理,这似犯了维护理智的人们所谓"矛盾律"。

"今之孝者,是谓能养",杜先生大约还记得下文罢?我承认"养老""养小"都确是一种义务,我否认能尽这种义务就是孝慈。因为我主张于能尽养老的义务之外,还要有出于衷诚的敬爱,才能谓孝,所以我主张孝不是一种报酬。因为我主张孝不是一种报酬,所以我否认孝只是一种义务。杜先生同意于"孝不是一种报酬",而质疑于"孝不是一种义务",这也是矛盾。

维护理智的人,推理一再陷于矛盾,世间还有更好的凭据证明理智不可尽信吗?

十七年二月,光潜附注

(一九二八年)

十　谈摆脱

朋友：

近来研究黑格尔（Hegel）讨论悲剧的文章，有时拿他的学说来印证实际生活，颇觉欣然有会意。许久没有写信给你，现在就拿这点道理做谈料。

黑格尔对于古今悲剧，最推尊希腊索福克勒斯的《安提戈涅》（Antigone）。安提戈涅的哥哥因为争王位，借重敌国的兵攻击他自己的祖国忒拜（即底比斯），他在战场中被打死了。忒拜新王克瑞翁（Creon）悬令，如有人敢收葬他，便处死罪，因为他是一个国贼。安提戈涅很像中国的聂嫈，毅然不避死刑，把她哥哥的尸骨收葬了。安提戈涅又是和克瑞翁的儿子海蒙（Haemon）订过婚的，她被绞以后，海蒙痛悼她，也自杀了。

黑格尔以为凡悲剧都生于两理想的冲突,而《安提戈涅》是最好的实例。就克瑞翁说,做国王的职责和做父亲的职责相冲突。就安提戈涅说,做国民的职责和做妹妹的职责相冲突。就海蒙说,做儿子的职责和做情人的职责相冲突。因此冲突,故三方面结果都是悲剧。

黑格尔只是论文学,其实推广一点说,人生又何尝不是一种理想的冲突场?不过实在界和舞台有一点不同,舞台上的悲剧生于冲突之得解决,而人生的悲剧则多生于冲突之不得解决。生命途程上的歧路尽管千差万别,而实际上只有一条路可走,有所取必有所舍,这是自然的道理。世间有许多人站在歧路上只徘徊顾虑,既不肯有所舍,便不能有所取。世间也有许多人既走上这一条路,又念念不忘那一条路。结果也不免差误时光。"鱼我所欲,熊掌亦我所欲,二者不可得兼,舍鱼而取熊掌可也。"有这样果决,悲剧绝不会发生。悲剧之发生就在既不肯舍鱼,又不肯舍熊掌,只在那儿垂涎打算盘。这个道理我可以举几个实例来说明:

"禾"是一个大学生,很好文学,而他那一班的功课有簿记、有法律,都是他所厌恶的。他每见到我便愁眉蹙额地说:"真是无聊!天天只是预备考试!天天只是读这些没有意味的课本!"我告诉他:"你既不欢喜那些东西,便把它们丢开就是了。"他说:"既然花了家里的钱进学堂,总得要勉强敷衍考试才是。"我说:"你要敷衍考试,就敷衍考试就是了。"然而他天天嫌恶考试,天天又还在那儿预备

3-4

考试。

我有一个幼时的同学恋上了一个女子。他的家庭极力阻止他。他每次来信都向我诉苦。我去信告诉他说："你既然爱她，便毅然不顾一切去爱她就是了。"他又说："家庭骨肉的恩爱就能够这样恝然置之吗？"我回复他说："事既不能两全，你便应该趁早疏绝她。"但是他到现在还是犹豫不知所可，还是照旧叫苦。

"禹"也是一个旧相识。他在衙门里充当一个小差事。他很能做文章，家里虽不丰裕，也还不至于没有饭吃。衙门里案牍和他的脾胃不很合，而且妨碍他著述。他时常觉得他的生活没有意味，和我谈心时，不是说："嗳，如果我不要就这个事，这本稿子久已写成了。"就是说："这事简直不是人干的，我回家陪妻子吃糙米饭去了！"像这样的话我也不知道听他说过多少回数，但是他还是依旧风雨无阻的去应卯。

这些朋友的毛病都不在"见不到"而在"摆脱不开"。"摆脱不开"便是人生悲剧的起源。畏首畏尾，徘徊歧路，心境既多苦痛，而事业也不能成就。许多人的生命都是这样模模糊糊地过去的。要免除这种人生悲剧，第一须要"摆脱得开"。消极说是"摆脱得开"，积极说便是"提得起"，便是"抓得住"。认定一个目标，便专心致志地向那里走，其余一切都置之度外，这是成功的秘诀，也是免除烦恼的秘诀。现在姑且举几个实例来说明我所谓"摆脱得开"。

释迦牟尼当太子时，乘车出游，看到生老病死的苦状，便恍然解悟人生虚幻，把慈父、娇妻、爱子和王位一齐抛开，深夜遁入深山，静坐菩提树下，冥心默想解脱人类罪苦的方法。这是古今第一个知道摆脱的人。其次如苏格拉底，如耶稣，如屈原，如文天祥，为保持人格而从容就死，能摆脱开一般人所摆脱不开的生活欲，也很可以廉顽立懦。再其次如希腊第欧根尼提倡克欲哲学，除一个饮水的杯子和一个盘坐的桶子以外，身旁别无长物，一日见童子用手捧水喝，他便把饮水的杯子也掷碎。犹太斯宾诺莎学说与犹太教义不合，犹太教徒行贿不遂，把他驱逐出籍，他以后便专靠磨镜过活。他在当时是欧洲第一个大哲学家，海得尔堡大学请他去当哲学教授，他说："我还是磨我的镜子比较自由。"所以谢绝教授的位置。这是能为真理为学问摆脱一切的。卓文君逃开富家的安适，去陪司马相如当垆卖酒，是能为恋爱摆脱一切的。张翰在齐做大司马东曹掾，一天看见秋风乍起，想起吴中菰菜莼羹鲈鱼脍，立刻就弃官归里。陶渊明做彭泽令，不愿束带见督邮，向县吏说："我岂能为五斗米折腰向乡里小儿！"立即解绶辞官。这是能摆脱禄位以行吾心所安的。英国小说家司各特早年颇致力于诗，后读拜伦著作，知道自己在诗的方面不能有大成就，便丢开音律专去做他的小说。这是能为某一种学问而摆脱开其他学问之引诱的。孟敏堕甑，不顾而去。郭林宗问他的缘故，他回答说："甑已碎，顾之何益？"这是能摆脱过去之失败的。

斯蒂文森论文，说文章之术在知遗漏（the art of omitting），其实不独文章如是，生活也要知所遗漏。我幼时，有一位最敬爱的国文教师看出我不知摆脱的毛病，尝在我的课卷后面加这样的批语："长枪短戟，用各不同，但精其一，已足制胜。汝才有偏向，姑发展其所长，不必广心博骛也。"十年以来，说了许多废话，看了许多废书，做了许多不中用的事，走了许多没有目标的路，多尝试，少成功，回忆师训，殊觉赧然，冷眼观察，世间像我这样暗中摸索的人正亦不少。大节固不用说，请问街头那纷纷群众忙的为什么？为什么天天做明知其无聊的工作，说明知其无聊的话，和明知其无聊的朋友假意周旋？在我看来，这都由于"摆脱不开"。因为人人都"摆脱不开"，所以生命便成了一幕最大的悲剧。

朋友，我写到这里，已超过寻常篇幅，把上面所写的翻看一过，觉得还没有把"摆脱"的道理说得透。我只谈到粗浅处，细微处让你自己暇时细心体会。

你的朋友，光潜

十一　谈在卢浮宫所得的一个感想

朋友：

去夏访巴黎卢浮宫，得摩挲《蒙娜丽莎》肖像的原迹，这是我生平一件最快意的事。凡是第一流美术作品都能使人在微尘中见出大千，在刹那中见出终古。列奥纳多·达·芬奇（Leonardo da Vinci）的这幅半身美人肖像纵横都不过十几寸，可是她的意蕴多么深广！佩特（Walter Pater）在《文艺复兴》（*The Renaissance*）里说希腊、罗马和中世纪的特殊精神都在这一幅画里表现无遗。我虽然不知道佩特所谓希腊的生气、罗马的淫欲和中世纪的神秘是什么一回事，可是从那轻盈笑靥里我仿佛窥透人世的欢爱和人世的罪孽。虽则见欢爱而无留恋，虽则见罪孽而无畏惧。一切希冀和畏避的念头在霎时间都涣然冰释，只游心于和谐静穆的意境。这种境界我在贝多芬乐曲里，在米罗爱神雕像里，在《浮士德》诗剧里，也常隐约领略过，可是都不如《蒙娜丽莎》所表现的深刻明显。

我穆然深思，我悠然遐想，我想象到中世纪人们的热情，想象到列奥纳多作此画时费四个寒暑的精心结构，想象到丽莎夫人临画时听到四周的缓歌慢舞，如何发出那神秘的微笑。

正想得发呆时，这中世纪的甜梦忽然被现世纪的足音惊醒，一个法国向导领着一群四五十个男的女的美国人蜂拥而来了。向导操很拙劣的英语指着说："这就是著名的《蒙娜丽莎》。"那班肥颈项胖乳房的人们照例露出几种惊奇的面孔，说出几个处处用得着的赞美的形容词，不到三分钟又蜂拥而去了。一年四季，人们尽管川流不息的这样蜂拥而来蜂拥而去，丽莎夫人却时时刻刻在那儿露出你不知道是怀善意还是怀恶意的微笑。

从观赏《蒙娜丽莎》的群众回想到《蒙娜丽莎》的作者，我登时发生一种不调和的感触，从中世纪到现世纪，这中间有多么深多么广的一条鸿沟！中世纪的旅行家一天走上二百里已算飞快，现在坐飞艇不用几十分钟就可走几百里了。中世纪的著作家要发行书籍须得请僧侣或抄胥用手抄写，一个人朝于斯夕于斯的，一年还不定能抄完一部书；现在大书坊每日可出书万卷，任何人都可以出文集诗集了。中世纪许多书籍是新奇的，连在近代，以培根、笛卡儿那样渊博，都没有机会窥亚里士多德的全豹，近如包慎伯到三四十岁时才有一次机会借阅《十三经注疏》；现在图书馆林立，贩夫走卒也能博通上下古今了。中世纪画《蒙娜丽莎》的人须自己制画具自己配颜料，作一幅画往往须三年五载才可成功；现在美术家每日可以成几幅乃至于十几幅"创作"了。中世纪人想看《蒙娜丽莎》须和作者或他的弟子有交谊，真能欣赏他，才能侥幸一饱眼福；现在卢浮宫好比十字街，任人来任人去了。

这是多么深多么广的一条鸿沟！据历史家说，我们已跨过了这鸿沟，所以我们现代文化比中世纪进步得多了。话虽如此说，而我对着《蒙娜丽莎》和观赏《蒙娜丽莎》的群众，终不免有所怀疑，有所惊惜。

在这个现世纪忙碌的生活中，哪里还能找出三年不窥园、十年成一赋的人？哪里还能找出深通哲学的磨镜匠，或者行乞读书的苦学生？现代科学和道德信条都比从前进步了，哪里还能迷信宗教崇尚侠义？我们固然没有从前人的呆气，可是我们也没有从前人的苦心与热情。别的不说，就是看《蒙娜丽莎》也只像看破烂朝报了。

科学愈进步，人类征服环境的能力也愈大。征服环境的能力愈大，的确是人生一大幸福。但是它同时也易生流弊。困难日益少，而人类也愈把事情看得太容易，做一件事不免愈轻浮粗率，而坚苦卓绝的成就也便日益稀罕。比方从纽约到巴黎还像从前乘帆船时要经许多时日，冒许多危险，美国人穿过卢浮宫绝不会像他们穿过巴黎香榭里雪街一样匆促。我很坚决的相信，如果美国人所谓"效率"（efficiency）以外，还有其他标准可估定人生价值，现代文化至少是含有若干危机的。

"效率"以外究竟还有其他估定人生价值的标准吗？要回答这个问题，我们最好拿法国兰斯（Reims）、亚米安（Amiens）各处几个中世纪的大教寺和纽约一座世界最高的钢铁房屋相比较。或者拿一幅湘绣和杭州织锦相比较，便易明白。如只论"效率"，杭州织锦和纽约的钢铁房屋都是一样机械的作品，较之湘绣和越姆大教寺，费力少而效率差不多，总算没有可指摘之点。但是刺湘绣的闺女和建筑中世纪大教寺的工程师在工作时，刺一针线或叠一块砖，都要费若干心血，都有若干热情在后面驱遣，他们的心眼都钉在他们的作品上，这是近代只讲"效率"的工匠们所诧为呆拙的。织锦和钢铁房屋用意只在适用，而湘绣和中世纪建筑于适用以外还要能慰情，还要能为作者力量气魄的结晶，还要能表现理想与希望。假如这几点在人生和文化上自有意义与价值，"效率"绝不是唯一的估定价值的标准，尤其不是最高品的估定价值的标准。最高品估定价值的标准一定要着重人的成分（human element），遇见一种工作不仅估量它的成功如何，还有问它是否由努力得来的，是否为高尚理想与伟大人格之表现。如果它是经过努力而能表现理想与人格的工作，虽然结果失败了，我们也得承认它是有价值的。这个道理白朗宁在 Rabbi Ben Ezra 那篇诗里说得最精透，我不会翻译，只择几段出来让你自己去玩味：

Not on the vulgar mass

Called "work", must sentence pass,

Things done, that took the eye and had the price;

O'er[1] which, from level stand,

The low world laid its hand,

Found straight way to its mind, could value in a trice:

But all, the world's coarse thumb

And finger failed to pumb,

So passed in making up the main account:

All instincts immature,

All purposes unsure,

That weighed not as his work, yet swelled the man's amount:

Thoughts hardly to be packed

Into a narrow act,

---

[1] O'er 是 over 的古语体，一般用于诗歌。——编者注

Fancies that broke through language and escaped:

All I could never be,

All, men ignored in me.

This I was worth to God, whose wheel the pitcher shaped.

这几段诗在我生平所给的益处最大。我记得这几句话，所以能惊赞热烈的失败，能欣赏一般人所嗤笑的呆气和空想，能景仰不计成败的艰苦卓绝的努力。

假如我的十二封信对于现代青年能发生毫末的影响，我尤其虔心默祝这封信所宣传的超"效率"的估定价值的标准能印入个个读者的心孔里去；因为我所知道的学生们、学者们和革命家们都太贪容易，太浮浅粗疏，太不能深入，太不能耐苦，太类似美国旅行家看《蒙娜丽莎》了。

光潜

十二 谈人生与我

朋友：

我写了许多信，还没有郑重其事地谈到人生问题，这是一则因为这个问题实在谈滥了，一则也因为我看这个问题并不如一般人看得那样重要。在这最后一封信里我之所以提出这个滥题来讨论，并不是要说出一番什么大道理，不过把我自己平时几种对于人生的态度随便拿来做一次谈料。

我有两种看待人生的方法。在第一种方法里，我把我自己摆在前台，和世界一切人和物在一块玩把戏；在第二种方法里，我把我自己摆在后台，袖手看旁人在那儿装腔作势。

站在前台时，我把我自己看得和旁人一样，不但和旁人一样，并且和鸟兽虫鱼诸物也都一样。人类比其他物类痛苦，就因为人类把自己看得比其他物类重要。人类中有一部分人比其余的人苦痛,就因为这一部分人把自己比其余的人看得重要。比方穿衣吃饭是多么简单的事,然而在这个世界里居然成为一个极重要的问题,就因为有一部分人要亏人自肥。再比方生死,这又是多么简单的事,无量数人和无量数物都已生过来死过去了。一个小虫让车轮压死了,或者一朵鲜花让狂风吹落了,在虫和花自己都绝不值得计较或留恋,而在人类则生老病死以后偏要加上一个"苦"字。这无非是因为人们希望造物真宰待他们自己应该比草木虫鱼特别优厚。

因为如此着想,我把自己看作草木虫鱼的侪辈,草木虫鱼在和风甘露中是那样活着,在炎暑寒冬中也还是那样活着。像庄子所说,它们"诱然皆生,而不知其所以生;同焉皆得,而不知其所以得"。它们时而戾天跃渊,欣欣向荣;时而含葩敛翅,晏然蛰处,都顺着自然所赋予的那一副本性。它们绝不计较生活应该是如何,绝不追究生活是为着什么,也绝不埋怨上天待它们特薄,把它们供人类宰割凌虐。在它们说,生活自身就是方法,生活自身也就是目的。

从草木虫鱼的生活,我学得一个经验。我不在生活以外别求生活方法,不在生活以外别求生活目的。世间少我一个,多我一个,或者我时而幸运,时而受灾祸侵逼,我以为这都无伤天地之和。你如果问我,人们应该如何生活才好呢?我说,就顺着自然所给的本性生活着,像草木虫鱼一样。你如果问我,人们生活在这变幻无常的世相中究竟为着什么？我说，生活就是为着生活，别无其他目的。你如果向我埋怨天公说，人生是多么苦恼呵！我说，人们并非生在这个世界来享幸福的，所以那并不算奇怪。

这并不是一种颓废的人生观。你如果说我的话带有颓废的色彩，我请你在春天到百花齐放的园子里去，看看蝴蝶飞，听听鸟儿鸣，然后再回到十字街头，仔细瞧瞧人们的面孔，你看谁是活泼，谁是颓废？请你在冬天积雪凝寒的时候，看看雪压的松树，看看站在冰上的鸥和游在水中的鱼，然后再回头看看遇苦便叫的那"万物之灵"，你以为谁比较能耐苦持恒呢？

我拿人比禽兽，有人也许目为异端邪说。其实我如果要援引"经典"，称道孔孟以辩护我的见解，也并不是难事。孔子所谓"知命"，孟子所谓"尽性"，庄子所谓"齐物"，宋儒所谓"扩然大公，物来顺应"，和希腊廊下派哲学，我都可以引申成一篇经义文，做我的护身符。然而我觉得这大可不必。我虽不把自己比旁人看得重要，我也不把自己看得比旁人分外低能，如果我的理由是理由，就不用仗先圣先贤的声威。

以上是我站在前台对于人生的态度。但是我平时很欢喜站在后台看人生。许多人把人生看作只有善恶分别的，所以他们的态度不是留恋，就是厌恶。我站在后台时把人和物也一律看待，我看西施、嫫母、秦桧、岳飞也和我看八哥、鹦鹉、甘草、黄连一样，我看匠人盖屋也和我看鸟鹊营巢、蚂蚁打洞一样，我看战争也和我看斗鸡一样，我看恋爱也和我看雄蜻蜓追雌蜻蜓一样。因此，是非善恶对我都无意义，我只觉得对着这些纷纭扰攘的人和物，好比看图画，好比看小说，件件都很有趣味。

这些有趣味的人和物之中自然也有一个分别。有些有趣味，是因为它们带有很浓厚的喜剧成分；有些有趣味，是因为它们带有很深刻的悲剧成分。

我有时看到人生的喜剧。前天遇见一个小外交官，他的上下巴都光光如也，和人说话时却常常用大拇指和食指在腮旁捻一捻，像有胡须似的。他们说道是官气，我看到这种举动比看诙谐画还更有趣味。许多年前一位同事常常很气愤地向人说："如果我是一个女子，我至少已接得一尺厚的求婚书了！"偏偏他不是女子，这已经是喜剧；何况他又麻又丑，纵然他幸而为女子，也绝不会有求婚书的麻烦，而他却以此沾沾自喜，这总算得喜剧之喜剧了。这件事和英国文学家哥尔德斯密斯的一段逸事一样有趣。他有一次陪几个女子在荷兰某一个桥上散步，看见桥上行人个个都注意他同行的女子，而没有一个睬他自己，便板起面孔很气愤地说："哼，在别的地方也有人这样看我咧！"如此等类的事，我天天都见得着。在闲静寂寞的时候，我把这一类的小小事件从记忆中召回来，寻思玩味，觉得比抽烟饮茶还更有味。老实说，假如这个世界中没有曹雪芹所描写的刘姥姥，没有吴敬梓所描写的严贡生，没有莫里哀所描写的达尔杜弗和阿尔巴贡，生命更不值得留恋了。我感谢刘姥姥、严贡生一流人物，更甚于我感谢钱塘的潮和匡庐的瀑。

其次，人生的悲剧尤其能使我惊心动魄；许多人因为人生多悲剧而悲观厌世，我却以为人生有价值正因其有悲剧。我在几年前做的《无言之美》里曾说明这个道理，现在引一段来：

> 我们所居的世界是最完美的，就因为它是最不完美的。这话表面看去，不通已极，但是实含有至理。假如世界是完美的，人类所过的生活比好一点，是神仙的生活，比坏一点，就是猪的生活——便必呆板单调已极，因为倘若件件事都尽美尽善了，自然没有希望发生，更没有努力奋斗的必要。人生最可乐的就是活动所生的感觉，就是奋斗成功而得的快慰。世界既完美，我们如何能尝创造成功的快慰？这个世界之所以美满，就在有缺陷，就在有希望的机会，有想象的田地。换句话说，世界有缺陷，可能性才大。

这个道理李石岑先生在《一般》三卷三号所发表的《缺陷论》里也说得很透辟。悲剧也就是人生一种缺陷。它好比洪涛巨浪，令人在平凡中见出庄严，在黑暗中见出光彩。假如荆轲真正刺中秦始皇，林黛玉真正嫁了贾宝玉，也不过闹个平凡收场，哪得叫千载以后的人唏嘘赞叹？以李太白那样天才，偏要和江淹戏弄笔墨，做了一篇《拟恨赋》，和《上韩荆州书》一样庸俗无味。毛声山评《琵琶记》，说他有意要做"补天石"传奇十种，把古今几件悲剧都改个快活收场，他没有实行，总算是一件幸事。人生本来要有悲剧才能算人生，你偏想把它一笔勾销，不说你勾销不去，就是勾销去了，人生反更索然寡趣。所以我无论站在前台或站在后台时，对于失败，对于罪孽，对于殃咎，都是一副冷眼看待，都是用一个热心惊赞。

朋友，我感谢你费去宝贵的时光读我的这十二封信，如果你不厌倦，将来我也许常常和你通信闲谈，现在让我暂时告别罢！

写过十二封信给你的朋友，光潜

再谈青年与恋爱结婚——答王毅君

附录

《中央周刊》编辑先生：

承转示王毅君一文，已细读。我很感谢王毅君站在青年人的立场对于我的《谈青年与恋爱结婚》一文表示异议。我的是一个看法，他不否认；他的是一个看法，我也不否认。我无暇详辩，只提出两点作答：

一、王毅君似没有把原文看清楚，有断章取义之嫌。我没有权，更没有理由要"压制"青年人的爱情，我一再申明我"不反对男女青年的正常交接"，"在男女社交公开中，遇恋爱自然很可能"，我只说青年人有不适宜于性爱的理由，但我也承认现代青年所受的性生活影响不很健康，想他们不在性爱上劳心焦思是很难能。我提出两种自然的方法引导青年撇开恋爱和结婚的路，一是精力有所发挥，二是同情心得到滋养。这两层做到了，他们虽有"遇"恋爱的可能，却无"谋"恋爱的必要。我赞成"遇"，不赞成"谋"，也不赞成"压制"。

二、我也很知道，劝青年人不恋爱，有些不合时宜，不免引起他们"苦痛的迷惘"，甚至"顽皮的抗议"。但是我终于说出这一番不中听的话，也有一片苦口婆心。我觉得恋爱结婚是生物的事实，也是社会的事实，就要用生物学、社会学和连带的心理学的观点去看，不应带有浪漫或神秘的意味，而现代中国青年的恋爱观仍不免是浪漫的、神秘的；他们醉梦于十九世纪歌颂恋爱的一套理论中，而不知其已不适宜于现代生活。现代西方青年已比较地能够不从诗的幻梦而从科学的冷眼去看恋爱了。我相信这是必有的演变。中国青年迟早自然也会醒觉。醒觉到什么呢？结婚是为传种，恋爱是结婚的准备；最适宜的恋爱期是最适宜的结婚期，最适宜的结婚期是身心发育完全而能力足以教养子女的时期。恋爱结婚是一种义务而不是一种可作为娱乐的把戏。中国古时男子三十而娶，近代西方人大致也是如此，也正因为这是身心发育完全而能力足以教养子女的年龄，所以我以为三十岁左右讲恋爱，准备结婚，比较适当。

王毅君主张青年人应当恋爱的理由是"爱上一位小姐，所以在功课上特别想出风头，生活也紧张，衣冠也整齐了，行事也不随便了"。这也许是事实，但是我因而联想到原始社会的人敬神，和敬神的影响仿佛相似,甚至于敬神的心理动机也很相似。王君的恋爱观应该过去,犹如神道设教的社会应该过去是同一个道理。世间没有神,没有神仙似的人,我们应该仍然有理由,而且有方法,去做好人。

谈理想的青年——回答一位青年朋友的询问

朋友：

你问我一个青年应该悬什么样一个标准，做努力进修的根据。我觉得这问题很难笼统地回答，因为人与人在环境、资禀、兴趣各方面都不相同，我们不能定一个刻板公式来适用于每个事例。不过无论一个人将来干哪一种事业，我以为他都需要四个条件。

头一项是运动选手的体格。我把这一项摆在第一，因为它是其他各种条件的基础。我们民族对于体格向来不很注意。无论男女，大家都爱亭亭玉立、弱不禁风那样的文雅。尤其在知识阶级，黄皮刮瘦，弯腰驼背，几乎是一种共同的标志。说一个人是"赳赳武夫"，就等于骂了他。我们都以"精神文明"自豪，只要"精神"高贵，肉体值得什么？这种错误的观念流毒了许多年代，到现在我们还在受果报。我们在许多方面都不如人，原因并不在我们的智力低劣。就智力说，我们比得上世界上任何民族。我们所以不如人者，全在旁人到六七十岁还能奋发有为，而我们到了四十岁左右就逐渐衰朽；旁人可以有时间让他们的学问事业成熟，而我们往往被逼迫中途而废；旁人能做最后五分钟的奋斗，我们处处显得是虎头蛇尾。一个身体羸弱的人不能是一个快活的人，你害点小病就知道；也不能是一个心地慈祥的人，你偶尔头痛牙痛或是大便不通，旁人的言动笑貌分外显得讨厌。如果你相信身体羸弱不妨碍你做一个有道德的人，援甘地为例，那我就要问你：世间数得出几个甘地？而且甘地是否真像你们想象的那样羸弱？一切道德行为都由意志力出发。意志的"力"固然起于知识与信仰，似乎也有几分像水力电力蒸汽力，还是物质的动作发生出来的。这就是说，它和体力不是完全无关。世间意志力最薄弱的人怕要算鸦片烟鬼，你看过几个烟鬼身体壮健？你看过几个烟鬼不时常在打坏主意？意志力薄弱的人都懒，懒是万恶之源。就积极方面说，懒人没有勇气，应该奋斗时不能奋斗，遇事苟且敷衍，做不出好事来。就消极方面说，懒人一味朝抵抗力最低的路径走，经不起恶势力的引诱，惯欢喜做坏事。懒大半由于体质弱，燃料不够，所以马达不能开满。"健全精神宿于健全身体。"身体不健全而希望精神健全，那是希望奇迹。

其次是科学家的头脑。生活时时刻刻要应付环境，环境有应付的必要，就显得它有困难有问题。所以过生活就是解决环境困难所给的问题，做学问如此，做事业如此，立身处世也还是如此。一切问题的解决方法都须遵照一个原则，在紊乱的事实中找出一些条理秩序来。这些条理秩序就是产生答案的线索，好比侦探一个案件。你第一步必须搜集有关的事实，没有事实做根据，你无从破案，有事实而你不知怎样分析比较，你还是不一定能破案。会尊重事实，会搜集事实，会见出事实中间的关系，这就是科学家的本领。要得到这本领，你必须冷静、客观、虚心、谨慎，不动意气，不持成见，不因个人利害打算而歪曲真理。合理的世界才是完美的世界，世界所以有许多不合理的地方，就因为大部分人没有科学的头脑，见理不透。比如说，社会上许多贪污枉法的事，做这种事的人都有一个自私的动机，以为损害了社会，自己可以占便宜。其实社会弄得不稳定了，个人绝不能享安乐。所以这种自私的人还是见理不透，没有把算盘打清楚。要社会一切合理化，要人生合理化，必须人人都明理，都能以科学的头脑去应付人生的困难。单就个人来说，一个头脑糊涂的人能在学问或事业上有伟大的成就，我是没有遇见过。

再者是宗教家的热忱。"过于聪明"的人（当然实在还是聪明不够）有时看空了一切，以为是非善恶悲喜成败反正都不过是那么一回事。让它去，干我什么？他们说："安邦治国平天下，自有周公孔圣人。"人人都希望旁人做周公孔圣人，于是安邦治国平天下就永远是一场幻梦。宗教家大半盛于社会紊乱的时代，他们看到人类罪孽痛苦，心中起极大的悲悯，于是发下志愿，要把人类从水深火热中拯救出来，虽然牺牲了自己，也在所不惜。孔子说："鸟兽不可与同群，吾非斯人之徒与而谁与？天下有道，丘不与易也。"释迦说："我不入地狱，谁入地狱？"这都是宗教家的伟大抱负。他们不但发愿，而且肯拼命去做。耶稣的生平是极好的例证，他为着要宣传他的福音，不惜抛开身家妻子，和犹太旧教搏斗，和罗马帝国搏斗，和人世所难堪的许多艰难困苦搏斗，而终之以一死，终于以一个平民的力量掉翻了天下。古往今来许多成大事业者虽不必都是宗教家，却大半有宗教家的热忱。他们见得一件事应该做，就去做，就去做到底，以坚忍卓绝的精神战胜一切困难，百折不回。我们现在所处的是一个紊乱时代，积重难返，一般人都持鱼游釜中或是鸵鸟把眼睛埋在沙里不去看猎户的态度，苟求一日之安，这时候非有一种极大的力量不能把这局面翻转过来。没有人肯出这种力量，或是能出这力量，除非他有宗教家的慈悲心肠和宗教家的舍己为人奋斗到底的决心毅力。

最后是艺术家的胸襟。自然节奏有起有伏，有张有弛，伏与弛不单是为休息，也不单是为破除单调，而是为精力的生养储蓄。科学易流于冷酷干枯，宗教易流于过分刻苦，它们都需要艺术的调剂。艺术是欣赏，在人生世相中抓住新鲜有趣的一面而流连玩索；艺术也是创造，根据而又超出现实世界，刻绘许多可能的意象世界出来，以供流连玩索。有艺术家的胸襟，才能彻底认识人生的价值，有丰富的精神生活，随处可以吸收深厚的生命力。我们一般人常因于饮食男女功名利禄的营求，心地常是昏浊，不能清明澈照；一个欲望满足了，另一个欲望又来，常是在不满足的状态中，常被不满足驱遣作无尽期的奴隶。名为一个人，实在是一个被动的机械，处处受环境支配，做不得自家的主宰。在被驱遣流转中，我们常是仓皇忙迫，尝无片刻闲暇，来凭高看一看世界，或是回头看一看自己；不消说得，世界对于我们是呆板的，自己对于我们也是空虚的。试问这种人活着有什么意味？能成就什么学问事业？所谓艺术家的胸襟就是在有限世界中做自由人的本领；有了这副本领，我们才能在急忙流转中偶尔驻足做一番静观默索，做一番反省回味，朝外可以看出世相的庄严，朝内可以看出人心的伟大。并且不仅看，我们还能创造出许多庄严的世相，伟大的人心。在创造时，我们依然是上帝，所以创造的快慰是人生最大的快慰。创造的动机是要求完美，迫令事实赶上理想；我们要把现实人生、现实世界改造得比较完美，也还是起于艺术的动机。

如果一个人具备这四大条件，他就不愧为完人了。我并不认为他是超人,因为体育选手、科学家、宗教家、艺术家,都不是神话中的人物,而是世间有血有肉的真实人物。以往有许多人争取过这些名号的。人家既然可以做得到,我就没有理由做不到。我们不能妄自菲薄,自暴自弃。

给苦闷的青年朋友们

朋友们：

我是中年以上的人，处在现在这个环境，几乎没有一天不感觉苦闷，你们正当血气旺盛、感觉锐敏、情感丰富的时候，苦闷的程度当然比我的更深。因为年龄的悬殊，我们在经验与见解上不免有些隔阂；但是我也经过了青年时代，我想你们的心绪是我能够了解的，而且能够同情的，你们的环境之中哪一件叫你们能不苦闷呢？先说家庭。你们多数人一进了学校，就和家庭隔绝，在教育上得不到家庭的督导，在经济上得不到家庭的援助，在情感上得不到家庭的温慰，你们就像失巢的孤雏，伶仃孤苦地在这广大而残酷的世界里自奔前程，自寻活计。并且在一般穷困流离的情况之下，许多家庭都不免有些不如意的事，有些是贫病交加，有些是家败人亡，这尤其使流亡在远方的子弟们时时抱着一种沉忧隐痛。

其次说到学校，这些年来我都厕身教育界，说起来不能不惭愧，学校对于你们都没有尽到它应尽的职责。它只奉行公事，贩卖一点知识，没有顾到真正的学术研究，没有顾到校里的社会生活，更没有顾到人格熏陶。你们虽是处在一大群人之中，实际上每个人都是孤独的，寂寞的，与教师无往来，与同学往来也不多，终日独行踽踽，茫茫不知所之，加以经济压迫，使你们多数人在最需要营养的发育期，缺乏最低限度的营养，以至由虚而弱，由弱而病，在应该活泼泼的青春就感到病的纠缠与死的恐怖。你们许多人都像破墙脚下石头压着的萎黄的小草，无论在生理上或是在心理上，很少有是健康的。

最伤心的当然还是时局。抗战胜利带来了多么大的喜悦与希望！而这喜悦与希望不到一两年就打得粉碎。于今战氛蔓延全国，经济濒于破产，眼看全体崩溃与侵略势力的闯入就在目前，这怎能叫人不忧惧，不愤恨？这事实纠葛之中又夹杂着政治思想的问题，而这问题是青年人所特别关心的。在中国和在全世界一样，很显然地摆着两个路线，两个壁垒，一是英美所代表的民主制度，一是苏联所代表的共产制度。究竟哪一条路是将来世界的出路呢？哪一条路比较适合现在中国的国情呢？青年朋友们未必有资料与时间对这些问题做周密的检讨，往往凭着片面的带有哄骗性的宣传文字，把自己摆到某一方的旗帜之下，这与其说是思想的归宿，毋宁说是情感的寄托。在情感酝酿之中产生了某一面政治理想，而任何一面政治理想在中国都和事实起剧烈的冲突，甲路碰了壁而乙路也未必走得通，究竟中国有没有出路呢？世界有没有出路？原来想在一种政治理想上寄托情感与希望，而事实到处予以强烈的否认，于是情感与希望仍然是落空虚悬。不仅在中国，在整个世界，战争与毁灭的黑影都常在面前晃摇，这怎能叫人不心焦气闷？

在这种种情形之下，人人都感觉到压迫、窒息、寂寞和空虚，而你们青年人所感觉到的当然更尖锐。于今世界已成为一个息息相关的有机体，世界没有出路，国家不会有出路，国家没有出路，个人也绝没有出路。这一连串的铁环是没有人能打破的。不过有一点我们可以确定：假如要把世界和国家扭转到正轨，必须个别分子的努力。"事在人为"，于今谁可为呢？不消说得，要有一批有朝气的人才能做出一番有朝气的事业，造就一种有朝气的乾坤。像我们这辈子中年以上的人们在心理发展上都已成为定型，暮气已深；因循坐误大事的是我们这一辈子人，要想我们变成另样的人来把世事弄好，那希望恐甚渺茫。我们说这话也很痛心，但是不幸这是事实。所以我们不能不殷切寄望于你们这一辈子青年人，望你们不再像我们这样无能，终有一日能挽回这个危亡的局面。但是目睹你们的苦闷消沉的情形，我们也不免栗栗危惧。你们能否如我们所殷切属望的，担当得起这个重大的责任呢？我们中年以上人之中常有人窃窃私语，说我们这一辈子人固然不行，下一辈子人还更不如我们。如果真是一蟹不如一蟹，中国不就完事大吉了吗？我们忏悔自己种因不善，造成一种环境，叫你们不得不苦闷消沉，同时，我们也不甘心就这样了局，尽管病已垂危，一息尚存，我们仍望能起死回生，而这起死回生的力量就来自你们。在这忏悔与希望之中，我们想以过来人的资格，向你们进一点苦口婆心的忠告。

苦闷本身不一定就是坏事，它可能由窒息而死，也可能由透气而生。它是或死或生之前的歧途，可以引入两个极端相反的世界。我知道有许多人由苦闷而消沉，由消沉而堕落；也有许多人由苦闷而挣扎，由挣扎而成功。苦闷总比麻木不仁好，苦闷至少表示对现实的缺陷还有敏感，还可以激起求生的努力；麻木不仁就只有因循堕落那一个归宿，苦闷是波澜，麻木不仁就是死水。处在现在这样的环境而能不苦闷，那就是无心肝，那就是社会血液中致死的毒素。现在你们青年人还能苦闷，那就表现中国生机未绝。我们中国的老教训是国家与个人"恒存乎灾患疢疾"，"独孤臣孽子，其操心也危，其虑患也深，故达"。有一种苦闷是孤臣孽子的苦闷，也有一种苦闷是失败主义者的苦闷。你们的苦闷自居哪一种呢？这是必须深加省察的。如果是孤臣孽子的苦闷，那就终有"达"的一日；如果是失败主义者的苦闷，那就是暮气的开始，终必由消沉而堕落了。

苦闷是危难时期青年人所必经的阶段，但是这只能是一个阶段，不能长久在这上面停止着。若是止于苦闷，也终必消磨锐气，向引起苦闷的恶势力缴械投降。我所谓孤臣孽子的苦闷是奋斗的激发力，挣扎的前序曲。问题是：向什么目的或方向去奋斗挣扎呢？"工欲善其事，必先利其器"，如果改造社会、挽救中国是你们所要做的"事"，你们自己的品格、学识和才能就是"器"。我们中年以上这一辈子人所以把中国弄得这样糟，就误在这个"器"太不"利"了。比如说，现代国家离不开工业，我们工业人才不如人，所以落后；民主国家要有够水准的公民，我们的教育不如人，所以产生一些腐败无能的官吏和视国事不关痛痒的人民。其他一切事没有做好，也都由于做事人的质料太差。你们埋怨旁人没有把事做好，假如让你们自己来，试问你们的品格是否能保证你们能不像过去人那样贪污腐败？你们的学问才具是否能保证你们不像过去人那样无能？假如你在学外交，你是否比现在办外交的人有较深切的国际关系的认识和令人较能钦佩的风度与才具？假如你在学医，你是否有希望能比过去的医生或你的老师较高明？假如你们的品格、学识和才能都不比过去人强，让你们来接他们的事，你们就绝不会比他们有较好的成就。那么，你们就不配埋怨旁人，更不配谈什么革命或改造社会，你们凭什么去改造呢？社会并不是借一些空洞的口号标语所可改造得了的，也不是借一些游行集会可改造得了的。我们在青年时代也干过这些勾当，可是不幸得很，社会到现在比从前还更糟，而我们现在还要以过来人的资格向你们这一辈子青年人做这样苦口婆心的劝告，这是命运给我们的一种最冷酷的嘲笑，我们只希望你们的下一辈子人不致再"以后人哀前人"。

无言之美

孔子有一天突然地很高兴地对他的学生说:"予欲无言。"子贡就接着问他:"子如不言,则小子何述焉?"孔子说:"天何言哉?四时行焉,百物生焉。天何言哉?"

这段赞美无言的话,本来从教育方面着想。但是要想明了无言的意蕴,宜从美术观点去研究。

言所以达意,然而意绝不是完全可以言达的。因为言是固定的、有迹象的,意是瞬息万变、缥缈无踪的;言是散碎的,意是混整的;言是有限的,意是无限的。以言达意,好像用继续的虚线画实物,只能得其近似。

所谓文学,就是以言达意的一种美术。在文学作品中,语言之先的意象和情绪意旨所附丽的语言,都要尽美尽善,才能引起美感。

尽美尽善的条件很多。但是第一要不违背美术的基本原理,要"和自然逼真"(true to nature)。这句话讲得通俗一点,就是说美术作品不能说谎。不说谎包含有两种意义:一、我们所说的话,就恰是我们所想说的话。二、我们所想说的话,我们都吐肚子说出来了,毫无余蕴。

意既不可以完全达之以言,"和自然逼真"一个条件在文学上不是做不到吗?或者我们问得再直截一点,假使语言文字能够完全传达情意,假使笔之于书的和存之于心的铢两悉称,丝毫不爽,这是不是文学上所应希求的一件事?

这个问题是了解文学及其他美术所必须回答的。现在我们姑且答道:文字语言固然不能全部传达情绪意旨,假使能够,也并非文学所应希求的。一切美术作品也都是这样,尽量表现,非唯不能,而也不必。

先从事实下手研究。譬如有一个荒村或任何物体,摄影家把它照一幅相,美术家把它画一幅画。这种相片和图画可以从两个观点去比较:第一,相片或图画,哪一个较"和自然逼真"?不消说得,在同一视阈以内的东西,相片都可以包罗尽致,并且体积比例和实物都两两相称,不会有丝毫错误。图画就不然。美术家对一种境遇,未表现之先,先加一番选择。选择定的材料还须经过一番理想化,把美术家的人格参加进去,然后表现出来。所表现的只是实物一部分,就连这

一部分也不必和实物完全一致。所以图画绝不能如相片一样"和自然逼真"。第二，我们再问，相片和图画所引起的美感哪一个浓厚，所发生的印象哪一个深刻，这也不消说，稍有美术口味的人都觉得图画比相片美得多。

文学作品也是同样。譬如《论语》："子在川上曰：'逝者如斯夫，不舍昼夜！'"几句话绝没完全描写出孔子说这番话时候的心境，而"如斯夫"三字更笼统，没有把当时的流水形容尽致。如果说详细一点，孔子也许这样说："河水滚滚地流去，日夜都是这样，没有一刻停止。世界上一切事物不都像这流水时常变化不尽吗？过去的事物不就永远过去绝不回头吗？我看见这流水心中好不惨伤呀……"但是纵使这样说去，还没有尽意。而比较起来，"逝者如斯夫，不舍昼夜"九个字比这段长而臭的演义就值得玩味多了！在上等文学作品中——尤其在诗词中——这种言不尽意的例子处处都可以看见。譬如陶渊明的《时运》："有风自南，翼彼新苗。"《读〈山海经〉》："微雨从东来，好风与之俱。"本来没有表现出诗人的情绪，然而玩味起来，自觉有一种闲情逸致，令人心旷神怡。钱起的《省试湘灵鼓瑟》末二句，"曲终人不见，江上数峰青"，也没有说出诗人的心绪，然而一种凄凉惜别的神情自然流露于言语之外。此外像陈子昂的《幽州台怀古》："前不见古人，后不见来者。念天地之悠悠，独怆然而涕下！"李白的《怨情》："美人卷珠帘，深坐颦蛾眉。但见泪痕湿，不知心恨谁。"虽然说明了诗人的情感,而所说出来的多么简单,所含蓄的多么深远?再就写景说,无论何种境遇,要描写得惟妙惟肖,都要费许多笔墨。但是大手笔只选择两三件事轻描淡写一下,完全境遇便呈露眼前,栩栩如生。譬如陶渊明的《归园田居》:"方宅十余亩,草屋八九间。榆柳荫后檐,桃李罗堂前。暧暧远人村,依依墟里烟。狗吠深巷中,鸡鸣桑树颠。"四十字把乡村风景描写多么真切!再如杜工部的《后出塞》:"落日照大地,马鸣风萧萧。平沙列万幕,部伍各见招。中天悬明月,令严夜寂寥。悲笳数声动,壮士惨不骄。"寥寥几句话,把月夜沙场状况写得多么有声有色,然而仔细观察起来,乡村景物还有多少为陶渊明所未提及,战地情况还有多少为杜工部所未提及?从此可知文学上我们并不以尽量表现为难能可贵。

在音乐里面,我们也有这种感想,凡是唱歌奏乐,音调由洪壮急促而变到低微以至于无声的时候,我们精神上就有一种沉默肃穆和平愉快的景象。白香山在《琵琶行》里形容琵琶声音暂时停顿的情况说:"冰泉冷涩弦凝绝,凝绝不通声暂歇。别有幽愁暗恨生,此时无声胜有声。"这就是形容音乐上无言之美的滋味。著名英国诗人济慈在《希腊花瓶歌》也说,"听得见的声调固然幽美,听不见的声调尤其幽美"(Heard melodies are sweet; but those unheard are sweeter),也是说同样道理。大概喜欢音乐的人都尝过此中滋味。

就戏剧说，无言之美更容易看出。许多作品往往在热闹场中动作快到极重要的一点时，忽然万籁俱寂，现出一种沉默神秘的景象。梅特林克（Maeterlinck）的作品就是好例。譬如《青鸟》的布景，择夜阑人静的时候，使重要角色睡得很长久，就是利用无言之美的道理。梅氏并且说："口开则灵魂之门闭，口闭则灵魂之门开。"赞无言之美的话不能比此更透辟了。莎士比亚的名著《哈姆雷特》一剧开幕便描写更夫守夜的状况，德林克沃特（Drinkwater）在其《林肯》中描写林肯在南北战争军事旁午的时候跪着默祷，王尔德（O. Wilde）的《温德米尔夫人的扇子》里面描写温德米尔夫人私奔在她的情人寓所等候的状况，都在兴酣局紧，心悬渴望结局时，放出沉默神秘的色彩，都足以证明无言之美的。近代又有一种哑剧和静的布景，或只有动作而无言语，或连动作也没有，就将专无言之美引人入胜了。

雕刻塑像本来是无言的，也可以拿来说明无言之美。所谓无言，不一定指不说话，是注重在含蓄不露。雕刻以静体传神，有些是流露的，有些是含蓄的。这种分别在眼睛上尤其容易看见。中国有一句谚语说，"金刚怒目，不如菩萨低眉"。所谓怒目，便是流露；所谓低眉，便是含蓄。凡看低头闭目的神像，所生的印象往往特别深刻。最有趣的就是西洋爱神的雕刻，男女都是瞎了眼睛。这固然根据希腊的神话，然而实在含有美术的道理，因为爱情通常都在眉目间流露，而流露爱情的眉目是最难比拟的。所以索性雕成盲目，可以耐人寻思。当初雕刻家原不必有意为此，但这些也许是人类不用意识而自然碰着的巧。

要说明雕刻上流露和含蓄的分别，希腊著名雕刻《拉奥孔》(Laocoon)是最好的例子。相传拉奥孔犯了大罪，天神用了一种极残酷的刑法来惩罚他，遣了一条恶蛇把他和他的两个儿子在一块绞死了。在这种极刑之下，未死之前当然有一种悲伤惨戚目不忍睹的一顷刻，而希腊雕刻家并不擒住这一顷刻来表现，他只把将达苦痛极点前一顷刻的神情雕刻出来，所以他所表现的悲哀是含蓄不露的。倘若是流露的，一定带了挣扎呼号的样子。这个雕刻，一眼看去，只觉得他们父子三人都有一种难言之恫；仔细看去，便可发现条条筋肉根根毛孔都暗示一种极苦痛的神情。德国莱辛（Lessing）的名著《拉奥孔》就根据这个雕刻，讨论美术上含蓄的道理。

以上是从各种艺术中信手拈来的几个实例。把这些个别的实例归纳在一起，我们可以得一个公例，就是：拿美术来表现思想和情感，与其尽量流露，不如稍有含蓄；与其吐肚子把一切都说出来，不如留一大部分让欣赏者自己去领会。因为在欣赏者的头脑里所生的印象和美感，含蓄比较尽量流露的还要更加深刻。换句话说，说出来的越少，留着不说的越多，所引起的美感就越大越深越真切。

这个公例不过是许多事实的总结束。现在我们要进一步求出解释这个公例的理由。我们要问何以说得越少，引起的美感反而越深刻？何以无言之美有如许势力？

想答复这个问题，先要明白美术的使命。人类何以有美术的要求？这个问题本非一言可尽。现在我们姑且说，美术是帮助我们超现实而求安慰于理想境界的。人类的意志可向两方面发展：一是现实界，一是理想界。不过现实界有时受我们的意志支配，有时不受我们的意志支配。譬如我们想造一所房屋，这是一种意志。要达到这个意志，必费许多力气去征服现实，要开荒辟地，要造砖瓦，要架梁柱，要赚钱去请泥水匠。这些事都是人力可以办到的，都是可以用意志支配的。但是我们的意志想造一座空中楼阁。现实界凡物皆向地心下坠一条定律，就不可以用意志征服。所以意志在现实界活动，处处遇障碍，处处受限制，不能圆满地达到目的，实际上我们的意志十之八九都要受现实限制，不能自由发展。譬如谁不想有美满的家庭？谁不想住在极乐国？然而在现实界绝没有所谓极乐美满的东西存在。因此我们的意志就不能不和现实发生冲突。

一般人遇到意志和现实发生冲突的时候，大半让现实征服了意志，走到悲观烦闷的路上去，以为件件事都不如人意，人生还有什么意味？所以堕落、自杀、逃空门种种的消极的解决法就乘虚而入了，不过这种消极的人生观不是解决意志和现实冲突最好的方法。因为我们人类生来不是懦弱者，而这种消极的人生观甘心让现实把意志征服了,是一种极懦弱的表示。

然则此外还有较好的解决法吗?有的,就是我所谓超脱现实。我们处世有两种态度,人力所能做到的时候,我们竭力征服现实。人力莫可奈何的时候,我们就要暂时超脱现实,储蓄精力待将来再向他方面征服现实。超脱到那里去呢?超脱到理想界去。现实界处处有障碍有限制,理想界是天高任鸟飞,极空阔极自由的。现实界不可以造空中楼阁,理想界是可以造空中楼阁的。现实界没有尽美尽善,理想界是有尽美尽善的。

姑取实例来说明。我们走到小城市里去,看见街道窄狭污浊,处处都是阴沟厕所,当然感觉不快,而意志立时就要表示态度。如果意志要征服这种现实哩,我们就要把这种街道房屋一律拆毁,另造宽大的马路和清洁的房屋。但是谈何容易?物质上发生种种障碍,这一层就不一定可以做到。意志在此时如何对付呢?他说:我要超脱现实,去在理想界造成理想的街道房屋来,把它表现在图画上,表现在雕刻上,表现在诗文上。于是结果有所谓美术作品。美术家成了一件作品,自己觉得有创造的大力,当然快乐已极。旁人看见这种作品,觉得它真美丽,于是也愉快起来了,这就是所谓美感。

因此美术家的生活就是超现实的生活;美术作品就是帮助我们超脱现实到理想界去求安慰的。换句话说,我们有美术的要求,就因为现实界待我们太刻薄,不肯让我们的意志推行无碍,于是我们的意志就跑到理想界去求慰情的路径。美术作品之所以美，就美在它能够给我们很好的理想境界。所以我们可以说，美术作品的价值高低就看它超现实的程度大小，就看它所创造的理想世界是阔大还是窄狭。

但是美术又不是完全可以和现实界绝缘的。它所用的工具——例如雕刻用的石头，图画用的颜色，诗文用的语言——都是在现实界取来的。它所用的材料——例如人物情状悲欢离合——也是现实界的产物。所以美术可以说是以毒攻毒，利用现实的帮助以超脱现实的苦恼。上面我们说过，美术作品的价值高低要看它超脱现实的程度如何。这句话应稍加改正，我们应该说，美术作品的价值高低，就看它能否借极少量的现实界的帮助，创造极大量的理想世界出来。

在实际上说，美术作品借现实界的帮助愈少，所创造的理想世界也因而愈大。再拿相片和图画来说明。何以相片所引起的美感不如图画呢？因为相片上一形一影，件件都是真实的，而且应有尽有，发泄无遗。我们看相片，种种形影好像钉子把我们的想象力都钉死了。看到相片，好像看到二五，就只能想到一十，不能想到其他数目。换句话说，相片把事物看得忒真，没有给我们以想象余地。所以相片只能抄写现实界，不能创造理想界。图画就不然。图画家用美术眼光，加一番选择的功夫，在一个完全境遇中选择了一小部分事物，把它们又经过一番理想化,然后才表现出来。唯其留着一大部分不表现,欣赏者的想象力才有用武之地。想象作用的结果就是一个理想世界。所以图画所表现的现实世界虽极小而创造的理想世界则极大。孔子谈教育说:"举一隅不以三隅反,则不复也。"相片是把四隅通举出来了,不要你劳力去"复"。图画就只举一隅,叫欣赏者加一番想象,然后"以三隅反"。

流行语中有一句说:"言有尽而意无穷。"无穷之意达之以有尽之言,所以有许多意,尽在不言中。文学之所以美,不仅在有尽之言,而尤在无穷之意。推广地说,美术作品之所以美,不是只美在已表现的一部分,尤其是美在未表现而含蓄无穷的一大部分,这就是本文所谓无言之美。

因此美术要"和自然逼真"一个信条应该这样解释:"和自然逼真"是要窥出自然的精髓所在,而表现出来;不是说要把自然当作一篇印版文字,很机械地抄写下来。

这里有一个问题会发生。假使我们欣赏美术作品,要注重在未表现而含蓄着的一部分,要超"言"而求"言外意",各个人有各个人的见解,所得的言外意不是难免殊异吗?当然,美术作品之所以美,就美在有弹性,能拉得长,能缩得短。有弹性所以不呆板。同一美术作品,你去玩味有你的趣味,我去玩味有我的趣味。譬如莎氏乐府所以在艺术上占极高位置,就因为各种阶级的人在不同的环境中都欢喜读它。有弹性，所以不陈腐。同一美术作品，今天玩味有今天的趣味，明天玩味有明天的趣味。凡是经不得时代淘汰的作品都不是上乘。上乘文学作品，百读都令人不厌的。

就文学说，诗词比散文的弹性大；换句话说，诗词比散文所含的无言之美更丰富。散文是尽量流露的，愈发挥尽致，愈见其妙。诗词是要含蓄暗示，若即若离，才能引人入胜。现在一般研究文学的人都偏重散文——尤其是小说。对于诗词很疏忽。这件事实可以证明一般人文学欣赏力很薄弱。现在如果要提高文学，必先提高文学欣赏力；要提高文学欣赏力，必先在诗词方面特下功夫，把鉴赏无言之美的能力养得很敏捷。因此我很望文学创作力在诗词方面多努力，而学校国文课程中诗歌应该占一个重要的位置。

本文论无言之美，只就美术一方面着眼。其实这个道理在伦理、哲学、教育、宗教及实际生活各方面，都不难发现。老子《道德经》开卷便说："道可道，非常道；名可名，非常名。"就是说伦理哲学中有无言之美。儒家谈教育，大半主张潜移默化，所以拿时雨春风做比喻。佛教及其他宗教之能深入人心，也是借沉默神秘的势力。幼稚园创造者蒙台梭利利用无言之美的办法尤其有趣。在她的幼稚园里，教师每天趁儿童玩得很热闹的时候，猛然地在粉板上写一个"静"字，或奏一声琴。全体儿童于是都跑到自己的座位去，闭着眼睛蒙着头伏案做假睡的姿势，但是他们不可睡着。几分钟后，教师又用很轻微的声音，从颇远的地方呼唤各个儿童的名字。听见名字的就要立刻醒起来。这就是使儿童可以在沉默中领略无言之美。

就实际生活方面说，世间最深切的莫如男女爱情。爱情摆在肚子里面比摆在口头上来得恳切。"齐心同所愿，含意俱未伸"和"但无言语空相觑"，比较"细语温存""怜我怜卿"的滋味还要更加甜蜜。英国诗人布莱克（Blake）有一首诗叫作《爱情之秘》（*Love's Secret*）里面说：

（一）

切莫告诉你的爱情，

爱情是永远不可以告诉的，

因为她像微风一样，

不做声不做气地吹着。

（二）

我曾经把我的爱情告诉而又告诉，

我把一切都披肝沥胆地告诉爱人了，

打着寒战，耸头发地告诉，

然而她终于离我去了！

(三)

　　她离我去了,

　　不多时一个过客来了。

　　不做声不做气地,只微叹一声,

　　便把她带去了。

这首短诗描写爱情上无言之美的势力,可谓透辟已极了。本来爱情完全是一种心灵的感应,其深刻处是老子所谓不可道不可名的。所以许多诗人以为"爱情"两个字本身就太滥太寻常太乏味,不能拿来写照男女间神圣深挚的情绪。

其实何止爱情?世间有许多奥妙,人心有许多灵悟,都非言语可以传达,一经言语道破,反如甘蔗渣滓,索然无味。这个道理还可以推到宇宙人生诸问题方面去。我们所居的世界是最完美的,就因为它是最不完美的。这话表面看去,不通已极,但是实在含有至理。假如世界是完美的,人类所过的生活——比好一点,是神仙的生活,比坏一点,就是猪的生活——便呆板单调已极,因为倘若件件都尽美尽善了,自然没有希望发生,更没有努力奋斗的必要。人生最可乐的就是活动所生的感觉,就是奋斗成功而得的快慰。世界既完美,我们如何能尝创造成功的快慰?这个世界之所以美满,就在有缺陷,就在有希望的机会,有想象的田地。换句话说,世界有缺陷,可能性（potentiality）才大。这种可能而未能的状况就是无言之美。世间许多奥妙，要留着不说出；世间有许多理想，也应该留着不实现。因为实现以后，跟着"我知道了"的快慰便是"原来不过如是"的失望。

天上的云霞有多么美丽！风涛虫鸟的声息有多么和谐！用颜色来摹绘，用金石丝竹来比拟，任何美术家也是作践天籁，糟蹋自然！无言之美何限？让我这种拙手来写照，已是糟粕枯骸！这种罪过我要完全承认的。倘若有人骂我胡言乱道，我也只好引陶渊明的诗回答他说："此中有真味，欲辩已忘言！"

十三年仲冬脱稿于上虞白马湖畔

情与辞

一切艺术都是抒情的,都必表现一种心灵上的感触,显著的如喜、怒、爱、恶、哀、愁等情绪,微妙的如兴奋、颓唐、忧郁、宁静以及种种不易名状的飘来忽去的心境。文学当作一种艺术看,也是如此。不表现任何情致的文字就不算是文学作品。文字有言情、说理、叙事、状物四大功用,在文学的文字中,无论是说理、叙事、状物,都必须流露一种情致,若不然,那就成为枯燥的没有生趣的日常应用文字,如账簿、图表、数理化教科书之类。不过这种界线也很不容易划清,因为人是有情感的动物,而情感是容易为理、事、物所触动的。许多哲学的、史学的甚至于科学的著作都带有几分文学性,就是因为这个道理。我们不运用言辞则已,一运用言辞,就难免要表现几分主观的心理倾向,至少也要有一种"理智的信念"(intellectual conviction），这仍是一种心情。

情感和思想通常被人认为是对立的两种心理活动。文字所表现的不是思想，就是情感。其实情感和思想常互相影响，互相融会。除掉惊叹语和谐声语之外，情感无法直接表现于文字，都必借事、理、物烘托出来，这就是说，都必须化成思想。这道理在中国古代有刘彦和说得最透辟。《文心雕龙》的《熔裁》篇里有这几句话："草创鸿笔，先标三准。履端于始，则设情以位体；举正于中，则酌事以取类；归余于终，则撮辞以举要。"

用现代话来说，行文有三个步骤，第一步要心中先有一种情致，其次要找出具体的事物可以烘托出这种情致，这就是思想分内的事，最后要找出适当的文辞把这内在的情思化合体表达出来。近代美学家克罗齐的看法恰与刘彦和的一致。文艺先须有要表现的情感，这情感必融会于一种完整的具体意象（刘彦和所谓"事"），即借那个意象得表现，然后用语言把它记载下来。

我特别提出这一个中外不谋而合的学说来，用意是在着重这三个步骤中的第二个步骤。这是一般人所常忽略的。一般人常以为由"情"可以直接到"辞"，不想到中间须经过一个"思"的阶段，尤其是十九世纪浪漫派理论家主张"文学为情感的自然流露"，很容易使人发生这种误解。在这里我们不妨略谈艺术与自然的关系和分别。艺术（art）原义为"人为"，自然是不假人为的；所以艺术与自然处在对立的地位，是自然就不是艺术，是艺术就不是自然。说艺术是"人为的"就无异于说它是"创造的"。创造也并非无中生有，它必有所本，自然就是艺术所本。艺术根据自然，加以熔铸雕琢，选择安排，结果乃是一种超自然的世界。换句话说，自然须通过作者的心灵，在里面经过一番意匠经营，才变成艺术。艺术之所以为艺术，全在"自然"之上加这一番"人为"。

这番话并非题外话。我们要了解情与辞的道理，必先了解这一点艺术与自然的道理。情是自然，融情于思，达之于辞，才是文学的艺术。在文学的艺术中，情感须经过意象化和文辞化，才算得到表现。人人都知道文学不能没有真正的情感，不过如果只有真正的情感，还是无济于事。你和我何尝没有过真正的情感？何尝不自觉平生经验有不少的诗和小说的材料？但是诗在哪里？小说在哪里？浑身都是情感不能保障一个人成为文学家，犹如满山都是大理石不能保障那座山有雕刻，是同样的道理。

一个作家如果信赖他的生糙的情感，让它"自然流露"，结果会像一个掘石匠而不能像一个雕刻家。雕刻家的任务在把一块顽石雕成一个石像，这就是说，给那块顽石一个完整的形式，一条有灵有肉的生命。文学家对于情感也是如此。英国诗人华兹华斯有一句名言："诗起于在沉静中回味过来的情绪。"在沉静中加过一番回味，情感才由主观的感触变成客观的观照对象，才能受思想的洗练与润色，思想才能为依稀隐约不易捉摸的情感造出一个完整的可捉摸的形式和生命。这个诗的原理可以应用于一切文学作品。

这一番话是偏就作者自己的情感说。从情感须经过观照与思索而言，通常所谓"主观的"就必须化为"客观的"，我必须跳开小我的圈套，站在客观的地位，来观照我自己，检讨我自己，把我自己的情感思想和行动姿态当作一幅画或是一幕戏来点染烘托。古人有"痛定思痛"的说法，不只是"痛"，写自己的一切的切身经验都必须从追忆着手，这就是说，都必须把过去的我当作另一个人去看。我们需要客观的冷静的态度。明白这个道理，我们也就应该明白在文艺上通常所说的"主观的"与"客观的"分别是粗浅的，一切文学创作都必须是"客观的"，连写"主观的经验"也是如此。

但是一个文学家不应只在写自传，独角演不成戏，虽然写自传，他也要写到旁人，也要表现旁人的内心生活和外表行动。许多大文学家向来不轻易暴露自己，而专写自身以外的人物，莎士比亚便是著例。形形色色的人物的心理变化在他们手中都可以写得惟妙惟肖，淋漓尽致。他们所以能做到这一点，因为他们会设身处地去想象，钻进所写人物的心窍，和他们同样想，同样感，过同样的内心生活。写哈姆雷特，作者自己在想象中就变成哈姆雷特；写林黛玉，作者自己在想象中也就要变成林黛玉。明白这个道理，我们也就应该明白一切文学创作都必须是"主观的"，所写的材料尽管是通常所谓"客观的"，作者也必须在想象中把它化成亲身经验。

总之，作者对于所要表现的情感，无论是自己的或旁人的，都必须能"入乎其内，出乎其外"，体验过也观照过，热烈地尝过滋味，也沉静地回味过，在沉静中经过回味，情感便受思想熔铸，由此附丽到具体的意象，也由此产生传达的语言（即所谓"辞"），艺术作用就全在这过程上面。

在另一篇文章里我已讨论过情感思想与语文的关系，在这里我不再做哲理的剖析，只就情与辞在分量上的分配略谈一谈。就大概说，文学作品可分为三种："情尽乎辞""情溢乎辞"或是"辞溢乎情"。心里感觉到十分，口里也就说出十分，那是"情尽乎辞"；心里感觉到十分，口里只说出七八分，那是"情溢乎辞"；心里只感觉到七八分，口里却说出十分，那是"辞溢乎情"。德国哲学家黑格尔曾经指出与此类似的分别，不过他把"情"叫作"精神"，"辞"叫作"物质"。艺术以物质表现精神，物质恰足表现精神的是"古典艺术"，例如希腊雕刻，体肤恰足以表现心灵；精神溢于物质的是"浪漫艺术"，例如中世纪"哥特式"雕刻和建筑，热烈的情感与崇高的希望似乎不能受具体形象的限制，磅礴四射；物质溢于精神的是"象征艺术"（黑格尔的"象征"与法国象征派诗人所谓"象征"绝不相同），例如埃及金字塔，以极笨重庞大的物质堆积在那里，我们只能依稀隐约地见出它所要表现的精神。

黑格尔最推尊古典艺术，就常识说，情尽乎辞也应该是文学的理想。"无情者不得尽其辞""和顺积中，英华外发""修辞立其诚"，我们的古圣古贤也是如此主张。不过概括立论，都难免有毛病。"情溢乎辞"也未尝没有它的好处。语文有它的限度，尽情吐露有时不可能，纵使可能，意味也不能很深永。艺术的作用不在陈述而在暗示，古人所谓"言有尽而意无穷"。含蓄不尽，意味才显得闳深婉约，读者才可自由驰骋想象，举一反三。把所有的话都说尽了，读者的想象就没有发挥的机会，虽然"观止于此"，究竟"不过尔尔"。拿绘画来打比，描写人物，用工笔画法仔细描绘点染，把一切形色，无论巨细，都尽量地和盘托出，结果反不如用大笔头画法，寥寥数笔，略现轮廓，更来得生动有趣。画家和画匠的分别就在此。画匠多着笔墨不如画家少着笔墨，这中间妙诀在选择与安排之中能以有限寓无限，抓住精要而排去秕糠。黑格尔以为古典艺术的特色在物质恰足表现精神，其实这要看怎样解释，如果当作"情尽乎辞"解，那就显然不很正确，古典艺术的理想是"节制"（restraint）与"静穆"（serenity），也着重中国人所说的"弦外之响"，"不着一字，尽得风流"。

在普通情境之下，"辞溢乎情"总不免是一个大毛病，它很容易流于空洞、腐滥、芜冗。它有些像纸折的花卉，金叶剪成的楼台，绚烂夺目，却不能真正产生一点春意或是富贵气象。我们看到一大堆漂亮的辞藻，期望在里面玩味出来和它相称的情感思想，略经咀嚼，就知道它索然乏味，心里仿佛觉得受了一回骗，作者原来是一个穷人要摆富贵架子！这个毛病是许多老老少少的人所最容易犯的。许多叫作"辞章"的作品，旧诗赋也好，新"美术文"也好，实在是空无所有。

不过"辞溢乎情"有时也别有胜境。汉魏六朝的骈俪文就大体说，都是"辞溢乎情"。固然也有一派人骂那些作品一文不值，可是真正爱好文艺而不夹成见的虚心读者，必能感觉到它们自有一种特殊的风味。我曾平心静气地玩味庾子山的赋、温飞卿的词、李义山的诗、莎士比亚的悲剧和商籁、弥尔顿的长短诗，以及近代新诗试验者如斯温伯恩、马拉梅和罗威尔诸人的作品，觉得他们的好处有一大半在辞藻的高华与精妙，而里面所表现的情趣往往却很普通。这对于我最初是一个大疑团，我无法在理论上找到一个圆满的解释。我放眼看一看大自然，天上灿烂的繁星，大地在盛夏时所呈现葱茏的花卉与锦绣的河山，大都会中所铺陈的高楼大道、红墙碧瓦、车如流水马如龙，说它们有所表现固无不可，不当作它们有所表现，我们就不能借它们娱目赏心吗？我再看一看艺术，中国古瓷上的花鸟、刺绣上的凤翅龙鳞，波斯地毡上的以及近代建筑上的图案，贝多芬和瓦格纳的交响曲，不也都够得上说"美丽"，都能令人欣喜？我们欣赏它们所表现的情趣居多呢，还是欣赏它们的形象居多呢？我因而想起，辞藻也可以组成图案画和交响曲，也可以和灿烂繁星、青山绿水同样地供人欣赏。"辞溢乎情"的文章如能做到这地步，我们似也毋庸反对。

刘彦和本有"为情造文"与"为文造情"的说法，我觉得后起的"因情生文，因文生情"的说法比较圆满，一般的文字大半"因情生文"，上段所举的例可以说是"因文生情"。"因情生文"的作品一般人有时可以办得到，"因文生情"的作品就非极大的艺术家不办。在平地起楼阁是寻常事，在空中架楼阁就有赖于神刀鬼斧。虽是在空中，它必须是楼阁，是完整的有机体。一般"辞溢乎情"的文章所以要不得，因为它根本不成为楼阁。不成为楼阁而又悬空，想拿旁人的空中楼阁来替自己辩护，那是狂妄愚蠢，为初学者说法，脚踏实地最稳妥，只求"因情生文""情见于辞"，这一步做到了，然后再做高一层的企图。

给一位写新诗的青年朋友

朋友：

你的诗和信都已拜读。你要我"改正"并且"批评"，使我很惭愧。在这二十年中我虽然差不多天天都在读诗，自己却始终没有提笔写一首诗，作诗的辛苦我只从旁人的作品中间接地知道，所以我没有多少资格说话。谈到"改正"我根本不相信诗可以经旁人改正，只有诗人自己知道他所写的与所感所想的是否恰相吻合，旁人的生活经验不同，观感不同，纵然有胆量"改正"，所改正的也另是一回事，与原作无干。至于"批评"，我相信每个诗人应该是他自己的严厉的批评者。拉丁诗人贺拉斯劝人在作品写成之后把它摆过几月或几年不发表，我觉得那是一个很好的忠告。诗刚作成，兴头很热烈，自己总觉得它是一篇杰作，如果你有长进的可能，经过一些时候冷静下来，再拿它仔细看看，你就会看出自己的毛病，你自己就会修改它。许多诗人不能有长进，就因为缺乏这点自我批评的精神。你不认识我，而肯寄诗给我看，询取我的意见，这种谦虚我不能不有所报答，我所说的话有时不免是在热兴头上泼冷水，然而我不迟疑，我相信诚恳的话是一个真正诗人所能接受的，就是有时不堪入耳，也是他所能原宥的。你要我回答，你所希望于我的当然不只是一套恭维话。

我讲授过多年的诗，当过短期的文艺刊物的编辑，所以常有机会读到青年朋友们的作品。这些作品中分量最多的是新诗，一般青年作家似乎特别喜欢作新诗。原因大概不外两种：第一，有些人以为新诗容易作，既无格律拘束，又无长短限制，一阵心血来潮，让情感"自然流露"，就可以凑成一首。其次，也有一些人是受风气的影响，以为诗在文学中有长久的崇高的地位，从事于文学总得要作诗，而且徐志摩、冰心、老舍许多人都在作新诗。诗是否容易作，我没有亲切的经验，不过据我研究中外大诗人的作品所得的印象来说，诗是最精妙的观感表现于最精妙的语言，这两种精妙都绝对不容易得来的，就是大诗人也往往须费毕生的辛苦来摸索。作诗者多，识诗者少。心中存着一分"诗容易作"的幻想，对于诗就根本无缘，作来作去，只终身做门外汉。再其次，学文学是否必须作诗，在我看，也是一个问题。我相信文学到了最高境界都必定是诗，而且相信生命如果未至末日，诗也就不会至末日。不过我也相信每一时代的文学有每一时代的较为正常的表现方式。比如说，荷马生在今日也许不写史诗，陀思妥耶夫斯基生在古代也许不写小说。在我们的时代，文学的最正常的表现的方式似乎是散文、小说而不是诗。这也并不是我个人的意见，西方批评家也有这样想的。许多青年白费许多可贵的精力去作新诗，幼稚的情感发泄完了，才华也就尽了。在我个人看，这种浪费实在很可惜。他们如果脚踏实地练习散文、小说，成就也许会好些。这话自然不是劝一切人都莫作诗，诗还是要有人作，只是作诗的人应该真正感觉到自己所感所想的非诗的方式绝不能表现。如果用诗的方式表现的用散文也还可以表现，甚至于可以表现得更好，那么，诗就失去它的"生存理由"了。我读过许多新诗，我很深切地感觉到大部分新诗根本没有"生存理由"。

诗的"生存理由"是文艺上内容和形式的不可分性。每一首诗，犹如任何一件艺术品，都是一个有血有肉的灵魂，血肉需要灵魂才现出它的活跃，灵魂也需要血肉才具体可捉摸。假如拿形式比血肉而内容比灵魂，叫作"诗"的那种血肉是否有一种特殊的灵魂呢？这问题不像它现在表面的那么容易。就粗略的迹象说，许多形式相同的诗而内容则千差万别。多少诗人用过五古、七律或商籁？可是同一体裁所表现的内容不但甲诗人与乙诗人不同，即同一诗人的作品也每首自具一个性。就内在的声音节奏说，外形尽管同是七律或商籁，而每首七律或商籁读起来的声调,却随语言的情味意义而有种种变化,形成它的特殊的音乐性。这两个貌似相反的事实告诉我们的不是内容与形式无关,而是一般人把七律、商籁那些空壳看成诗的形式是一种根本的错误。每一首诗有每一首诗的特殊形式,而这特殊形式,是叫作七律、商籁那些模型得着当前的情趣贯注而具生命的那种声音节奏,正犹如每个人有每个人的特殊面貌,而这特殊面貌是叫作口鼻耳目那些共同模型得到本人的性格点化而具个性的那种神情风采。一首诗有凡诗的共同性,有它所特有的个性,共同性为七律、商籁之类模型,个性为特殊情趣所表现的声音节奏。这两个成分合起来才是一首诗的形式,很显然的两成分之中最重要的不是共同性而是个性。

七律、商籁之类躯壳虽不能算是某一诗的真正形式,而许多诗是用这些模型铸就的却是事实。这些模型是每个民族经过悠久历史所造成的,每个民族都出诸本能地或出诸理智地感觉到叫作"诗"的那一种文学需要经过这些模型铸就。这根深蒂固的传统有没有它的理由呢?这问题实在就是:散文之外何以要有诗?依我想,理由还是在内容与形式的不可分性。七律、商籁之类模型的功用在节奏的规律化,或则说,语言的音乐化。情感的最直接的表现是声音节奏,而文字意义反在其次。文字意义所不能表现的情调常可以用声音节奏表现出来。诗和散文如果有分别,那分别就基于这个事实。散文叙述事理,大体上借助于文字意义已经很够；它自然也有它的声音节奏，但是无须规律化或音乐化，散文到现出规律化或音乐化时，它的情趣的成分就逐渐超出理智的成分，这就是说，它逐渐侵入诗的领域。诗咏叹情趣，大体上单靠文字意义不够，必须从声音节奏上表现出来。诗要尽量地利用音乐性来补文字意义的不足，七律、商籁之类模型是发挥文字音乐性的一种工具。这话怎样讲呢？拿诗和散文来比，我们就会见出这个道理。散文没有固定模型做基础，音节变来变去还只是"散"；诗有固定模型做基础，从整齐中求变化，从束缚中求自由，变化的方式于是层出不穷。这话乍听起来似牵强，但是细心比较过诗和散文的音乐性者都会明白这道理是真确的，诗的音乐性实在比散文的丰富繁复，正犹如乐音比自然中的杂音较丰富繁复是一个道理。乐音的固定模型非常简单——八个音阶，但这八个音阶高低起伏与纵横错综所生的变化是多么繁复？诗人利用七律、商籁之类模型来传出情趣所有的声音节奏，正犹如一个音乐家利用八音阶来谱成交响曲。

新诗比旧诗难作，原因就在旧诗有"七律""五古""浪淘沙"之类固定模型可利用，一首不甚高明的旧诗纵然没有它所应有的个性，却仍有凡诗的共同性，仍有一个音乐的架子，读起来还是很顺口；新诗的固定模型还未成立，而一般新诗作者在技巧上缺乏训练，又不能使每一首诗现出很显著的音节上的个性，结果是散漫芜杂，毫无形式可言。把形式作模型加个性来解释，形式可以说就是诗的灵魂，作一首诗实在就是赋予一个形式与情趣，"没有形式的诗"实在是一个自相矛盾的名词。许多新诗人的失败都在不能创造形式，换句话说，不能把握住他所想表现的情趣所应有的声音节奏，这就不啻说他不能作诗。

你的诗不算成功——恕我直率——如同一般新诗人的失败一样，你没有创出形式，我们读者无法在文字意义以外寻出一点更值得玩味的东西。你自以为是在作诗，实在还是在写散文，而且写不很好的散文，你把它分行写，假如像散文一样一直写到底，你会觉得有很大的损失吗？我欢喜读英文诗，我鉴别英文诗的好坏有一个很奇怪的标准。一首诗到了手，我不求甚解，先把它朗诵一遍，看它读起来是否有一种与众不同的声音节奏。如果音节很坚实饱满，我断定它后面一定有点有价值的东西；如果音节空洞零乱，我断定作者胸中原来也就很空洞零乱。我应用这个标准，失败时候还不很多。读你的诗，我也不知不觉在应用这个标准，老实说，读来读去，我就找不出一种音节来，因此，我就很怀疑你的诗后面根本没有什么值得说的话。从文字意义上分析了一番，果不其然！你对明月思念你的旧友，对秋风叶落感怀你的身世，你装上一些貌似漂亮而实俗恶不堪的词句，再"啊"的"呀"的几声，加上几个大惊叹号，点了一行半行的连点，笔停了，你欣喜你作成了一首新诗。朋友，恕我坦白地告诉你，这是精力的浪费!

我知道，你有你的师承。你看过五四时代作风的一些新诗，也许还读过一些欧洲浪漫时代的诗。五四时代作家和他们的门徒勇于改革和尝试的精神固然值得敬佩，但是事实是事实，他们想学西方诗，而对于西方诗根本没有深广的了解；他们想推翻旧传统，而旧传统桎梏他们还很坚强。他们是用白话写旧诗，用新瓶装旧酒。他们处在过渡时代，一切都在草创，我们也无用苛求，不过我们要明白那种诗没有多大前途，学它很容易误事。他们的致命伤是没有在情趣上开辟新境，没有学到一种崭新的观察人生世相的方法，只在搬弄一些平凡的情感，空洞的议论，虽是白话而仍很陈腐的辞藻。目前报章杂志上所发表的新诗，除极少数例外，仍然是沿袭五四时代的传统，虽然在表面上题材和社会意识有些更换。诗不是一种修辞或雄辩，许多新诗人却只在修辞或雄辩上做功夫，出发点就已经错误。

五四时代和现在许多青年诗人所受到的西方诗影响，大半偏于浪漫派如拜伦、雪莱之流。他们的诗本未可厚非，他们最容易被青年人看成模范，可是也最不宜于做青年人的模范。原因很简单，浪漫派的唯我主义与感伤主义的气息太浓，学他们的人很容易作茧自窒，过于信任"自然流露"，任幼稚的平凡的情感无节制地、无洗练地和盘托出；拿旧诗来比，很容易堕入风花雪月怜我怜卿的魔道。诗和其他艺术一样，必有创造性与探险性，老是在踏得稀烂的路轨上盘旋，绝无多大出息。我对于写实主义并不很同情，但是我以为写实的训练对于青年诗人颇有裨益，它可以帮助他们跳开小我的圈套，放开眼界，去体验不同的人物在不同的情境中所有的不同的生活情调。这种功夫可以锐化他们的敏感，扩大他们的"想象的同情"，开发他们的精神上的资源。总而言之，青年诗人最好少作些"泄气"式的抒情诗，多作一些带有戏剧性的叙述诗和描写性格诗。他们最好少学些拜伦和雪莱，多学些莎士比亚和现代欧美诗。

提到"学"字，我可以顺便回答你所提出的一个问题：作诗是否要多读书？"学"的范围甚广，我们可以从人情世故物理中学，可以从自己写作的辛苦中学，也可以从书本中学，读书只是学的一个节目，一个不可少的而却也不是最重要的节目。许多新诗人的毛病在不求玩味生活经验，不肯耐辛苦去自己摸索路径，而只在看报章杂志上一些新诗，揣摩它们，模仿它们。我有一位相当有名的作新诗的朋友，一生都在模仿当代新诗人，早年学徐志摩，后来学臧克家，学林庚，学卞之琳，现在又学宣传诗人喊口号。学来学去，始终没有学到一个自己的本色行当。我很同情他的努力，却也很惋惜他的精力浪费。"学"的问题确是新诗的一个难问题，我们目前值得学的新诗范作实在是太少。大家像瞎子牵瞎子，牵不到一个出路。凡事没有不学而能的，艺术尤其如此。"学"什么呢？每个青年诗人似乎都在这问题上彷徨。伸在眼前的显然只有三条路：第一条，是西方诗的路。据我看，这条路可能性最大。它可以教会我们一种新鲜的感触人情物态的方法，可以指出我们变化多端的技巧，可以教会我们尽量发挥语言的潜能。不过诗不能翻译，要了解西方诗，至少须精通一种西方语言。据我所知道的，精通一国语言而到真正能欣赏它的诗的程度，很需要若干年月的耐苦。许多青年诗人或是没有这种机会，或是没有这种坚强的意志。第二条，是中国旧诗的路。有些人根本反对读旧诗，或是以为旧诗不值得读，或是以为旧诗变成一种桎梏，阻碍自由创造。我的看法却不如此。我以为中国文学只有诗还可以同西方抗衡，它的范围固然比较窄狭，它的精炼隽永却往往非西方诗所可及。至于旧诗能成桎梏的话，这要看学者是否善学，善学则到处可以讨经验，不善学则任何模范都可以成桎梏。每国诗过些年代都常经过革命运动，每种新兴作风对于旧有作风都必定是反抗，可是每国诗也都有一个一线相承、绵延不断的传统，而这传统对于反抗它的人们的影响反而特别大。我想中国诗也不是例外。很可能几千年积累下来的宝藏还值得新诗人去发掘。第三条，是流行民间文学的路。文学本起自民间，由民间传到文人而发挥光大，而形式化、僵硬化，到了僵硬化的时代，文人的文学如果想复苏，也必定从新兴的民间文学吸取生气。西方文学演变的痕迹如此，中国文学演变的痕迹也是如此。目前研究民间文学的提倡很值得注意和同情。不过学民间文学与学西诗旧诗同样地需要聪慧的眼光与灵活的手腕，呆板的模仿是误事的。同时我们也不要忘记民间文学有它的特长，也有它的限制。像一般人所模仿的鼓书戏词已不能算是真正的民间文学，它是到了形式化和僵硬化的阶段了，在内容和形式上实多无甚可取，还有一部分人爱好它，并不是当作文学去爱好它，而是当作音乐去爱好它，拿它来做宣传工具，固无不可；如果说拿它来改善新诗，我很怀疑它会有大成就。大家在谈"民族形式"，在主张"旧瓶装新酒"，思想都似有几分糊涂。中国诗现在还没有形成一个新的"民族形式"，"民族形式"的产生必在伟大的"民族诗"之后，我们现在用不着谈"民族形式"，且努力去创造"民族诗"。未有诗而先有形式，就如未有血肉要先有容貌，那是不可想象的。至于"旧瓶新酒"的比喻实在有些不伦不类。诗的内容与形式的关系并不是酒与瓶的关系。酒与瓶可分立；而诗的内容与形式并不能分立。酒与瓶的关系是机械的，是瓶都可以装酒；诗的内容与形式的关系是化学的，非此形式不能表现此内容。如果我们有新内容，就必须创造新形式。这形式也许有时可从旧形式脱化，但绝对不能是呆板的模仿。应用"旧瓶"是朝抵抗力最低的路径走，是偷懒取巧。

最后，新诗人常欢喜抽象地谈原则，揣摩风气地依傍门户，结果往往于主义和门户之外一无所有。诗不是一种空洞的主义，也不是一种敲门砖。每个新诗人应极力避免这些尘俗的引诱，保存一种自由独立的精神，死心塌地地做自己的功夫，摸索自己的路径，开辟自己的江山。大吹大擂对于诗人是丧钟，而门户与主义所做的勾当却只是大吹大擂。

朋友，这番话，我已经声明过，难免是在热兴头上泼冷水。我希望你打过冷战之后，可以抖擞精神，重新做一番有价值的事业！

我要向青年说

我要向青年说的话大半都已在《给青年的十二封信》和《谈修养》两本书里说过了。这几年来中国和世界都更加混乱,我的观感也有些转变。现代青年受环境的影响,多数是悲观的、消沉的,这就无异于说,失去了自信心。每个人的现实环境是每个人的课题,要他自己寻求答案。没有答案的就不成其为课题,没有困难的也就不成其为课题;课题总是包含若干困难,困难解除了就是答案。碰着困难而束手灰心叹气,以为根本寻不出一个答案,这就是失败主义。严格地说,只有失败主义者才会悲观消沉。许多人在坐望"太平时代",历史上有几个时代真正是"太平"的?历史是不断的转变,不断的新陈代谢;就人类来说,这也就是不断的困难与不断的征服。在历史的进展中,没有人能真正"坐享其成";随着历史前进者都要接受当时当

境的困难，替它寻求一个解决方案，把已然世界变得较合理想。这是每一个时代人的责任，也就是现代青年的责任。在这责任之前，任何青年都不应退缩或推诿。

人类如果不向毁灭路上走，就要抛弃毁灭之神的两大工具：人类劣根性中所潜伏的自私和愚昧所造成的偏见。因此，我以为青年们如果想尽他们的时代的使命，第一要有宗教家的悲悯心肠，其次要养成科学家的冷静的客观的缜密的头脑。现在这一辈子老年人和中年人正在受自私和愚昧的惩罚，我希望青年人提防重蹈这覆辙。

朱光潜给朱光潜——为《给青年的十三封信》

光潜先生：

今天接到上海的朋友寄来一部书，打开来一看，使我吃了一惊。封面上题的是"致青年""朱光潸著"。旁边又附注"给青年的十三封信"字样。我第一眼把大名中的"潸"字看成"潜"字。我不知道是因为幻觉还是因为虚荣，不假思索地就把你的大著误认为我自己的了，这得请你原谅。第一，"朱光潸"和"朱光潜"在字面上实在太相像了。第二，叫作"朱光潜"的我也曾写过一部小册子叫作《给青年的十二封信》，而且我的《谈美》也被书店在封面上附注过"给青年的第十三封信"字样。第三，你的大著和我的拙作的封面图案也大致相同，也是在一些直线中间嵌了一些星星。你想，这也难怪我错认，而且错认的也不只我一个人。寄大著给我看的那位朋友原先也把你看作我。他在信上说:"在书摊上来回翻这书,越看越不像你写的,所以买了来给你看。"下面他还说了一句失敬的话,我不援引罢。你看,他在书摊上"来回"翻这书,"越看"才发觉"越不像我写的"。他是知道我的人,不知道我的人们不容易发觉你的大著不是我写的,恐怕更可原谅吧?

光潜先生,我不认识你,但是你的面貌、言动、姿态、性格等,为了以上所说的一点偶然的因缘,引动了我的很大的好奇心。我心里现在想象揣摩你像什么样的一个人。许多事都是不戳穿的好,所以我希望你在我心里永远保存这一点含有问题的神秘性。但是我也想把心里想说的话说给你听。不认识你而写信给你,似乎有些唐突。请你记得我是你的一个读者。如果这个资格不够,那只得怪你姓朱名光潜,而又写《给青年的十三封信》了!

头一层,我应该向你忏悔。我在写《给青年的十二封信》时,自己还是一个青年。那时候我的朋友夏丏尊先生办了一个给中学生看的刊物,叫作《一般》,要我写一点稿子,我就把随时感触到的随时写成书信寄给他,里面固然有些是以中学生为对象而写的,但是大部分是私人切身的感想。我从头到尾都是看着自己的心去写,绝对没有"教训"人的念头,更谈不上想到借这些处女作去出风头或是赚稿费。我根本不相信任何人可以自居"先进者"的地位去"教导"青年,而且能够把青年"教导"得好。就我自己的经验说,我在青年时代最得益的并不是师长的义正词严的教训，而是像我一般的年轻的朋友们对于他们自己的内心冲突、挣扎、怀疑、信仰所下的忠实的剖白。这种剖白引起我的同情、印证、感动和回思。我不断地受这种心灵的激动，也就不断地获到心灵的发展。从此我深深地感觉到卢梭在《爱弥儿》里说的导师和生徒的年龄应相仿佛的话，含有极大的智慧。自己是青年，才能够真正地和青年做朋友，才能彼此都觉得是一伙子的人，不论是甜的苦的，大家都可以互相契合，互相同情，这样才能彼此互相观摩激发。我现在看到自己从前写的《给青年的十二封信》，心里实在惭愧。我想每个成年人回想到他在童年时代的稚气和愚骏，都不免有些惭愧。但是我的那部小册子也正因为那一点坦坦白白地流露出来的稚气和愚骏，博得一般青年的爱好。我本来是他们中间的一个人，我的忧愁、我的喜悦也都是他们的忧愁和他们的喜悦，我"吐肚子"向他们谈心事，他们觉得和我同情同感。这对于他们有益还是有害，我和他们都不十分较量到。我对于青年的关系原来不过如此。后来那部小册子流行很广，我便以《给青年的十二封信》的作者的资格，被好些本不相识的人们认识了。到现在和新朋友们见面，还常被人用这个头衔来介绍我。他们甚至用什么"教导青年"的字样来夸奖我。我有时为这件事不但觉得羞愧，也很觉得愤慨。我本来厌恶"教导青年"的话头，现在居然被人以"教导青年"的字样安在我的头上，这就是坦白地流露稚气和愚骏的报酬或惩罚吗？

光潜先生，你不防这前车之鉴，别的不说，你就不怕"蹈覆辙"的危险吗？你的大著，我因为时间匆忙，并没有从头到尾的细读，只约略地这里翻一点那里翻一点看了一看。我也稍微有一点感想。第一层，我钦佩你的坦白。你自称"少年文人""先进者""对于文学的嗜欲最少已有十年的历史""尝遍了多少苦痛，碰着了多少钉子"，你援引"政治部、军队里的革命青年，大半是爱好文学的"一件事例做断定"说什么献身于文学的人都是柔弱而无可为的人，尤其是荒谬极点"的"铁证"，你承认——这里我抄你一段话，以免断章取义之嫌。

> 我观得现在一般青年的确有些"发表狂"！……大多的青年只怪为什么登起来的文章总是那几个名人做的，自己的为什么不给登载出，他没有计及人家的作品怎样的，自己的作品又是怎样，这是现代一般爱好文学的青年的病态的心理，我深深地感到自己常有这种病态心理。还可武断地说你也未始没有这种心理的。这种心理的终点，养成功想"出风头""要稿费"，没有心思和勇气去探讨文学了，这是何等的危险啊！

我觉得你这番话都是对的。其次，我钦佩你的自信。你劝人说，"当我们自己的作品还未达十分健全之前，还是以不发表的为妙"。现在你发表的当然是"十分健全"了。你"认为自己只受了不大高深的教育，尚能写一二篇不十分不通的文章，根柢还是基于几个重要的转变的读书过程"。先生，你写这几句话的时候，曾经较量一番没有？你给青年的教训有许多很有趣味，最难得的是走到难关，你轻轻地就溜过去了。姑举三例如下：

> 青年的恋爱是需要的，但倘使是太"迫切"了，太"急"了，便要生出烦闷来，这便是自讨苦吃了。
>
> 读书要有兴趣。读书时以为这是强迫做的工作，那就糟了。兴趣是第一要事，如读最索然无味的数学哲学等，亦要当它是有趣之事。
>
> 要想作文的人，突然文兴勃发，极要写出一点东西，但一提着笔，却又半个字都写不出，只得闷闷地坐下……大胆地说一句，每个青年作家，当开始要作文的时候，总要尝到这种苦闷，于是作文的方法，便应了需要而风起云涌地起来了。

如此等类的口吻在大著中每篇都可以看见。你在给"芬"的信里劈头一句是：

> 第一封信刚刚发出，第二封信又接踵地来了。因为我知道你接到第一封信时，一定会感觉到我的说话不错。

收尾一句是：

帘外雨潺潺，春意阑珊，我很想你呢！芬。

我看到这些地方时，第一个冲动是想说一句"挖苦话"，但是我缺乏"幽默风趣"，这一点冲动立刻就被一阵"世道人心之忧"压倒了。先生在第一封"致少年文人"的信里说：

如果欲以"文学"为灿烂的头衔，或要以"文学"去换饭吃，便成了严重的病态。

这种"严重的病态"，先生也许不得不承认，在现在中国文坛似乎已经很流行了。怎么办呢？我本也想对于这种"严重的病态"发一点议论，继而想起这事也非"口舌之争"所可了事，所以把笔放下，虽然心里还有些怅惘，不能把这事轻轻地放下。

几乎和你同姓名的朋友　朱光潜
四月三日，北平

自信力和奋斗的决心——

给《申报周刊》的青年读者朋友们（一）

朋友们：

《申报周刊》在暑期中成为给学生诸君的赠品，编辑者邀我给诸位写几封信。这番盛意颇使我踌躇。"戏仿自己"，在写作者是低级趣味的表现，我从前已经写过《十二封信》，现在如果再来这一套似不免贻"冯妇下车"之诮。而且说话作文，都要一时兴到，随感随发。预定货品，限期点交，不是我的能力所做得到的事。我只希望，以后我常有兴会和时间和诸位谈心。心里有话时就说，无话时就不说，免得使朋友间的通信成为一种具文。

我常接到青年朋友的信，陈诉他们的烦闷。生在现代中国的青年，烦闷不能说是一种奢侈。一切烦闷都起于理想与现实的冲突。在现代中国，这种冲突比在任何时任何地都较剧烈。第一是内政和外交的不良，以及国民经济的破产，处处都令人对于国家前途悲观失望；第二是社会的不安影响到个人的学问事业。国家前途愈混沌，我们愈感觉到个人前途的渺茫。在学校肄业时代，多数人都受经济的压迫；到毕业以后，每个人都有失业的恐慌。虽然有一副热心肠要替社会做一番事业，社会总是不给你一个机会，纵然有了机会，社会积弊太深，你也往往觉得无从下手，有"独木难支大厦"之感。

在这种情形之下，青年总是抱怨环境。说自己不能有成就，有理想不能实现，完全是因为环境恶劣。这种心理未尝不可原谅，但究竟是怯懦懒怠的表现。一个人对于自己须负责任，自己不肯对自己负责任，把一切错都推诿到环境：正犹如中国民族现在不能自拔于贫弱，一味诿过于外国的富强一样，都是懦夫的举动。

我相信一个人如果有自信力和奋斗的决心，无论环境如何困难，总可以打出一条生路来。我有一个朋友，从小当兵出身，由小兵而升书记，每月只赚得三元五元钱的口粮，维持他的简单的生活，但他有自信力，有奋斗的决心，在誊写公文之暇看书写作，孜孜不辍，现在已成为中国的数一数二的小说家——沈从文先生。我又有一个朋友，在中学当教员，嫌现在教育制度不好，要自己办一个中学来实现他的"人格教育"的理想，就赤手空拳地求得一块地皮，凑齐一笔基金，盖起一座房屋，创办一个新型学校。后来这个学校因为在江湾被日本兵毁了，他又赤手空拳地把它重建起来，他自己因为学校的事积劳成疾死了。他的理想虽没有完全实现,可是许多青年和许多朋友的头脑里都还深深地印着他办事的毅力和待人的诚恳,觉得中国还有好人,中国还有可为——这是我生平所敬仰的无名英雄,为立达学园牺牲性命的匡互生先生。此外我还可以举许多实例,诸位自己也可以想出许多例子证明一个人如果肯奋斗,一定可以打出一条生路来,环境不是绝对不可征服的。

我们中国人向来有一句老话:"有志者事竟成。"在这个紧急关头,我希望每个中国青年都记着这句话。个人不放弃他的自信力和奋斗的决心,全民族不放弃它的自信力和奋斗的决心,都脚踏实地做下去,前途绝不像一般人所想象的那么黑暗。

人总要有志气,不过"志"字也容易引起误解。没有长翅膀想飞,没有学过军事学、当过兵、打过仗而想将来做大元帅,没有循序渐进地学加、减、乘、除、比例、开方而想将来做算学上的发明家,那不是立"志"而是发狂妄的空想。"志"字的意义原来很混,它可以解作"意志"或"决心"(will),可以解作"愿望"(wish),也可以解作"目的"(purpose),即古训所谓"心之所之"。一般青年心目中的"志",往往全是"愿望",而"有志者事竟成"一句话中的"志"应该是兼含"意志"和"目的"二义。认清"目的"和达到"目的"的路,下坚忍不拔的"决心"向那条路去走,不达"目的"不止,这才是"立志"的真正的定义。"愿望"往往只是一种狂妄的妄想。一个小孩子说他将来要做大总统，一个乞丐说他将来成了大阔佬以后要砍他的仇人的脑袋，完全不思量达到这种目的的方法和步骤如何，那绝不能算是"立志"。

我很相信卢梭在《爱弥儿》里所说的一段话。他的大意是说人生幸福起于愿望与能力的平衡，一个人应该从幼小就学会在自己的能力范围以内起愿望，想做自己所能做的事，能做自己所想做的事。这番话出诸信任自由的卢梭，我觉得更是青年人难得的针砭。真正的自信力要有自知力做基础。一般青年不患不能自信，而患不能自知；不患没有志向，而患把妄想误认为志向；不患志向不能远大，而患不"度德量力"，不切实，想得到而做不到。

青年人不满意于现在，都欢喜在辽远的未来望出一个黄金时代。这比老年人把黄金时代摆在过去，固然较胜一筹，但是也有一种危险，就是容易走到逃避现实，只一味地在一种可望不可攀的理想世界里做梦。这种办法好像一个穷人不脚踏实地做工作，只在幻想他将来得了航空奖券，怎样去过富豪阔绰的日子。

成功的秘诀并不在幻想中树一个很高远的目标，并不在打航空奖券中彩后的计算，而在抓住现在，认清现在环境的事实，认清自己的责任与力量，觉得目前事应该怎样做，就去怎样做，不把现在应做的事拖延到未来再做。时时抓住现在，随机应变，未来的事到时自有办法。对于现在没有办法，对于未来也绝不会有办法。因为未来转眼就变成现在，你今天不打今天的计算只打明天的计算；到了明天，今天的机会错过了，今天所应做的事你没有做；明天的环境变迁了，今天所打的明天的计算在明天又不能适用。"延"与"误"两字永远是连在一起写的。

我很佩服英国人，他们总是事到头来，才想办法。事没有来到头来，他们总是冷静地等待着，观察着，今天绝不打明天的计算。但是他们也绝不肯放弃现在的机会，觉得一件事应该去做，就马上去做，不张皇也不迟疑。他们的国家内政外交如此，个人经营的事业也是如此。他们不幻想未来，他们的老谋深算都费在抓住现在和认清现在上面。他们出死力抓住现在，事到头来时，他们总是不慌不忙地处理得很妥当。这种冷静沉着的态度就是值得我们观摩的。

每个人都应该有一种生活方法，有一种处理生活的信条。我常把我的信条称为"三此主义"，"三此"者："此身""此时""此地"。这个主义包含三项事：

一、此身应该做而且能够做的事，就得让此身（自己）去做，不推诿给旁人。

二、此时应该做而且能够做的事，就得在此时做，不拖延到未来再做。

三、此地应该做而且能够做的事，就得在此地做，不推诿到想象中的另一种环境去做。

举一个实例来说。我现在当教员,我不幻想到做教育部长时再去设法整顿中国教育,也不把中国教育腐败的责任推诿到教育部长的身上。"不在其位,不谋其政",但是在何种"位"就应该谋何种"政",我当教员,就应该做教员分内所应尽的事。我的信条可以一言以蔽之:"从现世修来世。"瞧不起现世,是中世纪耶教徒的错误。如果你让现在长留在地狱的情况里,来世也绝不会有天堂。我希望每个中国青年不要让来世的天堂麻醉他的意志,且努力在我们现在这个世界里用自己的力量去实现天堂。

光潜

二十五年七月,北平

(一九三六年)

在混乱中创秩序
——给《申报周刊》的青年读者朋友们（二）

朋友：

在上次信里，我反复说明现代青年应该认清现在和抓住现在，因为我觉得中国已经到了生死存亡的关头，青年们不容再有迟疑观望的余地了。如果我们这一代人再不振作，中国事恐怕就永无救药了。每个人都能见到这层，所缺乏的是抓住现在的决心与毅力。

现在中国社会的最大病象，在每个人都埋怨旁人而同时又在跟旁人一样因循苟且。大家都在想：中国社会积弊太深，多数人都醉生梦死，得过且过，纵然有一二人想抵抗潮流，特立独行，也无济于事，倒不如随波逐流，尽量谋个人的安乐。如果中国真要亡的话，那也是"天倒大家当"！

这种心理是普遍的，也是致命的。要想中国起死回生，我们青年首先应丢开这种心理。我们应明白：社会越恶浊越需要有少数特立独行的人们去转移风气。一个学校里学生纵然十人有九人奢侈，一个俭朴的学生至少可以显出奢侈与俭朴的分别；一个机关的官吏纵然十人有九人贪污，一个清廉的官吏至少可以显出贪污与清廉的分别。好坏是非都由相形之下见出。一个社会到了腐败的时候，大家都跟着旁人向坏处走，没有一个人反抗潮流，势必走到一般人完全失去好坏是非分别的意识，而世间便无所谓羞耻事了。所以全社会都坏时，如果有一个好人存在，他的意义与价值是不可测量的。

自己不肯做好人，不肯努力奋斗，只埋怨环境恶劣，不容自己做好人，这种人对于自己全不肯负责任，没有勇气担当自己的过失。他们的最恰当的名号是——"懦夫"！朋友，你抚躬自问，你能否很忠实大胆地向自己的良心说"我不是这种懦夫"呢？

现在许多青年都埋怨环境，揣其心理，是希望环境生来就美满，使他们一帆风顺地达到成功的目标。环境永远不会美满的。万一它生来就美满，所谓"成功"乃是"不劳而获"，或者说得更痛快一点，乃是像猪豚一样，"被饲而肥"。所以埋怨环境的心理，充其究竟，只是希望过猪豚生活的心理。人比猪豚较高一着，就全在他能不安于秽浊的环境，有一颗灵心，有一股勇气，要去征服自然，改造自然。

据宗教的传说，太初一切皆紊乱（chaos），上帝从紊乱中创出秩序（order），才有宇宙。我很欢喜这个传说，它的历史的真实性姑且不问，它对于人生却无疑地具有一种感发兴起的力量。人的一切有意义有价值的活动，像上帝创世一样，都是从紊乱中创出秩序。人的特长是思想。思想，无论是哲学和科学的，或是日常实用的，都是把本来紊乱的知觉或印象加以秩序化。比如说一个审判官断案，把所有的繁复的事实摆在一块参观互较，找出条理线索来，于是本来散漫的东西都连续起来，成为案情的证据，这就是思想的好例。艺术创作也是思想活动的一种。自然界的材料，无论是内心生活或是外界现象，初呈现于观感时原来都很紊乱，艺术家运用心灵的综合，逐渐把它们理出一个秩序来，创出一个形式来，于是才有艺术作品——一篇文章，一幅画或是一座像。推广一点来说，一切人工设施，一切社会制度，一切合理的生活，都是一种艺术，都是从紊乱中所挣扎出来的秩序。

现在中国社会是一团紊乱，谁也承认。它能否达到秩序，就看中国青年有没有艺术家的要求秩序的热忱以及创造秩序的灵心妙手，从这团紊乱中雕琢一种有秩序的形式出来。凡是紊乱都须经过一番整理，才能现出秩序。现在中国人的大病就在不下手做整理的工夫，只望着目前的紊乱发呆，或是怨天尤人。

我也常拿从紊乱中创秩序的必要和青年朋友们说，他们总是将信将疑。他们闪避责任的借口不外是个人的力量有限。他们想：秩序是全体的事，社会全体紊乱，纵有少数人在局部中创出秩序来，仍无补于全体的紊乱。筹划社会全体的秩序是握有政权者的职责，吾侪小

与可画竹时见竹不见人岂独不见人嗒然遗其身其身与竹化无穷出清新庄周世无有谁知此疑神

松雪道人为于肃江元鉴

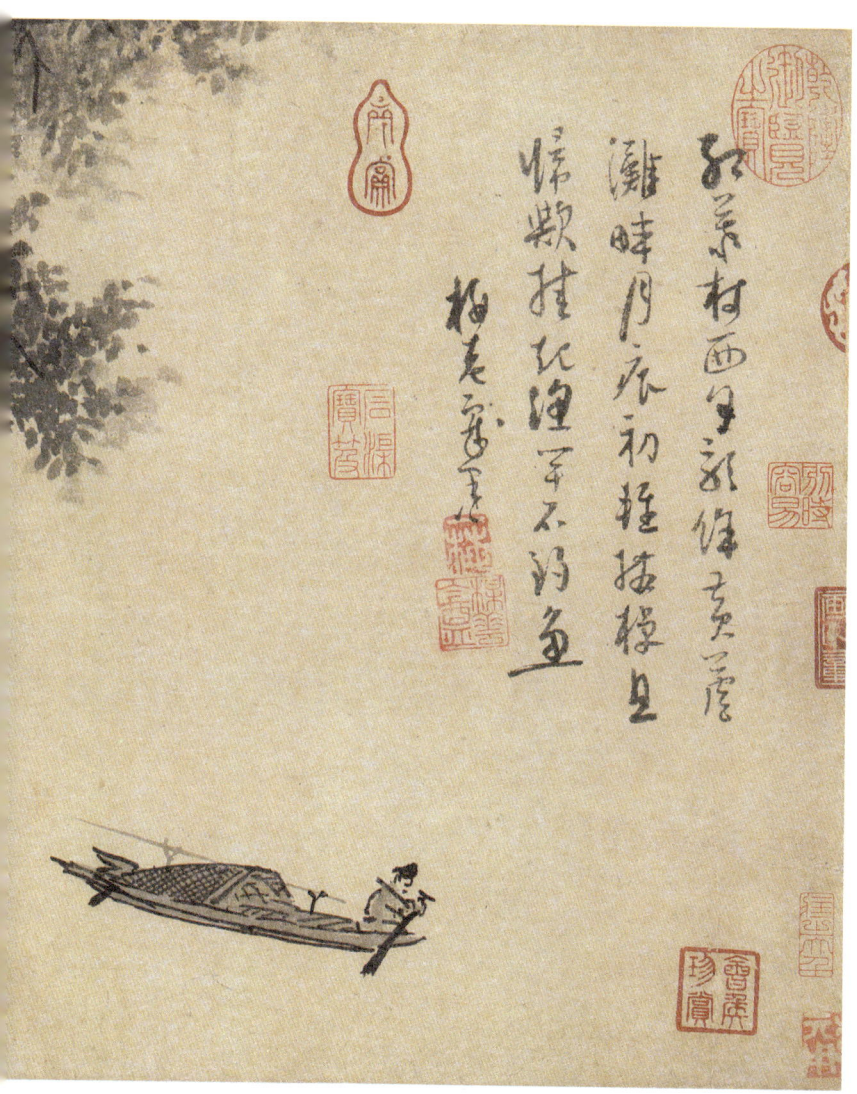

民手无寸铁，对着临头大难，只有束手待毙而已。这种心理仍是希望有"真命天子"出来救中国的心理。"真命天子"是一个渺茫的幻象，纵然他出来了，小百姓们都不是奋发有为的材料，他一个人能把中国事情弄好吗？你如果把现在中国一切灾祸都归咎于政府，你对于这种灾祸之源的政府不设法制裁，它的存在根于你的容忍，到底它的误国的责任还要回到你自己的身上来。如果你说个人无组织，不能做出事来，谁叫你不去组织、不去团结、不去造成能表现民意的势力呢？现代各民治国家所享受的自由都不是"天赋的"，都是人民自己挣扎奋斗得来的。你想想看英国的《大宪章》，法国的《人权宣言》，美国的独立，以及苏俄的经济制度的革命，哪一件不是从紊乱中所创出的秩序？哪一件不是人民自己努力奋斗的代价？

全体的紊乱固然可以妨碍局部的秩序，局部的紊乱也未见得可以造成全体的秩序。无论政论家怎么说，我始终坚信全体的秩序要以局部的秩序为基础。清道夫能尽清道的职，警察能尽警察的职，每个行人都守他所应守的规则，一条街道自然有秩序了。一个机关、一个乡村或是一个国家也是如此。士、农、工、商、官吏、军警都公而忘私，各尽其责，社会就绝不会有紊乱的现象了。

一般青年都不免有几分夸大狂心理，常想到自己做了大总统或是什么总长，中国事就有办法，而他自己的作为也就来了。这是从前人所夸奖的"有大志"，而我们现代青年所应该痛恨深恶的怯懦（因为不敢担负目前的责任）和虚伪（因为夸大是自欺欺人）。一个农家子弟鄙视耕种，一个商家子弟鄙视贸易，或是一个清寒子弟一定要进大学出洋争头衔，多少都是怯懦和虚伪的表现。要做事何处不可做，何必一定要做大总统？要造学问或地位何处不可造，何必一定要大学或留学的头衔？一种职业只要是有益于社会，纵然是挑大粪，或是补破皮鞋，应该和做总统或当大学教授享同样的尊重。把同是有益的职业加以高低评价，是封建社会和虚骄心理的流毒。没有哪一国的青年比中国青年这种流毒更深。现代中国青年如果要谋心理改造，我以为首先应铲除这种流毒，应该认清事业只有益与害的分别，没有贵与贱的分别。

在孙中山先生所说的许多话中最使我念念不忘的，不是他的《建国方略》或是《遗嘱》，而是他在香港大学演讲时所说的一段自供。他在少年时嫌他住的中山（那时叫香山）县的街道龌龊，就自己去做清道夫，拿扫帚去把他的门前和邻近的街道逐渐扫干净。这就是我所说的"在紊乱中创秩序"。孙先生后来奔走革命，仍然不过是本着这种厌恶紊乱要求秩序的精神。在平民的地位，他能够扫清污浊的街道，在握政权的地位，他就能筹划洗清政治上的种种紊乱。在未握政权之前，你且莫做握政权以后的夸大语，或是埋怨现在握权的人，你且自问：现在你能力范围以内的事你是否都尽力做过。

你说你现在无事可做吗？你的书桌应该理，你的卧室应该检点干净,你的村子里应该多栽几棵树,你的邻坊子弟不识字的太多,你乡里还有许多土豪劣绅敲诈唆讼,你的表兄还在抽鸦片烟,你的外祖母还说曹锟在做大总统……这些数不尽的事不都是你的事吗?

大处着眼,小处下手。时时刻刻都用力去从紊乱中创出秩序,无论你的力量所达到的范围是一间屋,一条街,一个乡村或是一个国家。你能如此,旁人也都能如此(旁人的事你暂且莫管),社会自然有秩序,中国事也自然会改头换面了。

朋友,让我复述前信中的话,从今日起,从此地起,从你自己起!把你目前一切紊乱都按部就班地化成秩序!这是我对于你的最虔敬的祝福语。

光潜

民族的生命力
——给《申报周刊》的青年读者朋友们（三）

朋友：

这次世界运动会闭幕了，我想趁这个机会和你谈一个重要问题。许多人因为这次中国选手的失败而意识到国家的荣辱，也有些人在惋惜中国政府遣送选手所耗费的巨款。但是据我个人的观察，大多数人对于这次失败仍是漠不关心，并没有因此获得一种深刻的教训。这种麻木，我以为较之竞赛的失败还更可惋惜，因为心里既根本不把失败当作一回事，一蹶之后就不会有复振的希望。

我们所要计较的并不仅在一个运动会中的成败荣辱问题，而在偌大的中国民族在体格方面所表现的生命力竟至如此贫乏。四万万人中所选出的健儿耀武扬威地一大船载到欧洲去，结果每个人到决赛时都垂头丧气地抱着膀子作壁上观。别说跑第一第二，连跟着别人在一块儿跑的资格都没有,你说惨不惨!我们用不着埋怨选手,他们是从我们中间选送出去的,他们的无能究竟还要归咎我们自己的无能。

中国人向来偏重道德学问的修养而鄙视体格的修养。我们自以为所代表的是"精神文明",身体是属于"物质"的,值不得去理会。我们想:人为万物之灵,就在道德学问高尚,如果拿体力作评判价值的标准,那只有向虎狼牛马拜下风。这种鄙视体格的心理并没有被近代学校教育洗除净尽。体操在学校里仍然是敷衍功令的功课。学校提倡运动用意大半仅在培养几个运动员,预备在竞赛中替学校争体面,而不在提高普遍的体格标准。一个聪明的学生只要数学或国文考第一,运动成绩的低劣不但不是一种羞耻,而且简直可以显出几分身份的高贵。学校以外,一般民众更丝毫不觉得运动有何意义。就是教育界中人,离开学生生活以后,以前所常练习的运动也就完全丢开。结果,中国十个人就有九个人像烟鬼,黄皮刮瘦,萎靡不振。每个人脱去衣服,在镜子里看看自己的身体,固然自惭形秽;就是看看邻人的面孔,也是那么憔悴,不能激起一点生气来。像这样衰弱的民族奄奄待毙之不暇,能谈到什么富强事业,更能谈到什么"精神文明"呢?

我在幼时也鄙视过学校里所谓体育。天天只埋头读书,以为在运动方面所花去的时间太可惜,有时连正当的体操功课也不去上。体操比我好的人成绩都不很高明,我心里实在有些瞧不起他们。我在考试时体操常不及格,但结果仍无伤于我的第一第二的位置,我更以为体育是无足轻重了。这十几年以来，我差不多天天受从前藐视体育所应得的惩罚。每年总要闹几次病，体重始终没有超过八十斤，年纪刚过三十，头发就白了一大半；劳作稍过度，就觉得十分困倦。我有时也很想在学问方面奋斗，但是研究一个问题或是做一篇文章，到了最紧要的关头时，就苦精力接不上来，要半途停顿。思想的工作正如打仗或赛跑，最要紧的关头往往在最后五分钟。这最后五分钟的失败往往不在缺乏坚持的努力，而在可使用的精力完全耗尽。世间固然有许多身体羸弱而在思想学问、事业各方面造就很大的人们，但是我有理由相信：如果他们身体强健，造就一定更较伟大。如果论智力，我不相信中国人天生地比外国人低下。但是中国人在学术上的造就到现在还是落后，原因固不止一种，我相信身体羸弱是最重要的一种。普通的德国人或英国人到五十至六十岁的年纪还是血气方刚，还有二十至三十年可以向学问事业方面努力锐进。但是普通的中国人到了三十岁以后，便逐渐衰弱老朽。在旁人正是奋发有为的年纪，我们已须宣告体力的破产，做退休老死的计算。在普通的外国人，头三十年只是训练和准备的时期，后三十至四十年才谈到成就和收获；在我们中国人，刚过了训练和准备的时期，可用的精力就渐就耗竭，如何能谈到成就和收获呢？

体格羸弱的影响不仅在学问事业方面可以见出，对于一个人的心境脾胃以至于人生观都不免酿成了许多病态。我常分析自己，每逢性情暴躁容易为小事动气时，大半是因为身体方面有什么不舒适的地方，如头痛如脚痛之类；每逢垂头丧气，对一切事都仿佛绝望时，大半因为精力疲倦，所能供给的精力不足以应付事物的要求。在睡了一夜好觉之后，清晨爬起来，周身精神饱满，生气蓬勃，我对人就特别和善，心理就特别畅快，看一切困难都不在眼里，对于前途处处都觉得是希望。我常仔细观察我所接触的人物，发现这种体格与心境的密切关系几乎是普遍的。我没有看见一个身体真正好的人为人不和善，处事不乐观；我也没有看见一个颓丧愁闷的人在身体方面没有丝毫缺陷。中国青年多悲观厌世，暮气沉沉，我敢说大半是身体不健康的结果。

这二十年来，我常在观察中国社会而推求它的腐化的根本原因；愈观察，愈推求，我愈察觉到身体对于精神的影响之伟大。我常听到"道德学家""精神文明"说者把社会一切的乱象都归咎到道德的崩溃、精神的破产。我也曾把这一类的老话头拿来应用到中国社会，觉得道德的崩溃究竟只是结果而不是原因。只就现象说，中国民族的一切病症都归原到一个字——懒。

懒所以因循苟且，看见应该做的事不去做，让粪堆在大路上，让坏人当权，让坏制度、坏习惯存在。懒，所以爱贪小便宜，做官遇到可抓的钱就抓，想一旦成富翁，一劳永逸；做学生不肯做学问，凭自己的本领去挣地位，只图奔走逢迎，夤缘倖进。懒，所以含垢忍辱，一个堂堂男子汉不肯在正当光荣的职业中谋生活,宁愿去当汉奸,或是让妻女作娼妓,敌人打进门里来,永远学缩头乌龟。

如果我有时间,我可以把"懒"的罪状一直数下去。一切道德上的缺点都可以一言以蔽之曰"懒"。"懒"就是物理学中所讲的"惰性"。无论在物理方面或是在精神方面,惰性都起于"动力"的缺乏。就生物说,"动力"的缺乏就是"弱"。所以"懒"的根本原因还是在"弱",在生活力的耗竭,在体格的不健全。换句话说,精神的破产毕竟是起于体格的破产。

生命是一种无底止的奋斗。一个兵士作战,一个学者探讨学术,或是一个普通公民勇于尽自己的职责,向一切众恶引诱说一个坚决的"不!"字,都要有一种奋斗的精神。奋斗的精神就是生活力的表现。中国民族在体格方面太衰弱,所以缺乏奋斗所必需的生活力,所以懒,所以学问落后,事业废弛,道德崩溃,经济破产,事事都不如人。

要真正想救中国,慢些谈学问,慢些谈政治,慢些谈道德,第一件要事,先把身体培养强健!要生活,先要储蓄生活力!如果中国民族仍不觉悟体力对于精神影响之大,以及健康运动之重要,仍然是那样黄皮刮瘦,暮气沉沉,要想中国不亡那简直是无天理!

我半生的光阴都费在书本上面,对于一般人所说的"精神文明"之尊敬与爱护,自问并不敢后于旁人,现在来大声疾呼,提倡健康运动,在旁人看来，或不免有些奇怪；其实这也并无足怪，身体羸弱的祸害与苦楚对于我是切肤之痛，所以我不能不慨乎言之。我在中国人中已迫近老朽之年了，还在起始学游泳打太极拳，这是施耐庵所骂的"用违其时"。愈觉得补救之太晚，我愈懊悔年轻时代对于体育的忽略。我希望比我幸运的——因为还未失去时机的——青年们不再蹈我这一种人的覆辙。我从自己的失败中得到一个极深刻的教训：身体好，什么事都有办法；身体不好，什么事都做不好。小而个人的成功，大而民族的复兴都要从身体健康下手。这件事也并非学校的体操或国际的运动竞赛所能促成的。我们要把健康的重要培养成为全民族的信仰。从择配优生以至于保婴防疫、公众卫生等都要很郑重地去研究和实行推广。运动也要变成全社会的娱乐，不仅求培养几个选手。这件事是中国民族图存所急不容缓的。中年以上的人们已经没有希望，只有靠青年们努力了。我敬祝全国青年从今日起，设法多做强健身体的运动，为中国民族多培养一些生命力！

光潜

游戏与娱乐
——给《申报周刊》的青年读者朋友们（四）

朋友：

前信谈民族的生命力，意尚有未尽，现在再说几句话来补充。

精神的衰落由于体格的羸弱；要想振作精神，先要设法强健身体；要想强健身体，不能不求运动的普遍化。这个道理本极浅近，许多人因为它浅近而忽视它的重要，所以我在前信中反复陈之。今天我所要补充的话是关于游戏与娱乐的。我的要旨可以用一两句话说完：无论是民族或是个人，生命力的富裕都流露于游戏与娱乐，所以如果你要观察一个人或是一个民族有无生气，游戏与娱乐是最好的试水准。中国民族现在已走到衰残老朽无生气的地步，最显著的征兆就在缺乏正当的游戏和娱乐。这是一般人所承认的。我以为我们还可以进一步说：游戏和娱乐的缺乏不仅是生命力枯涸的征兆,简直是生命力枯涸的原因。前信所说的运动只能算是游戏与娱乐中的一个小节目。如果我们想把中国民族改造成一种活泼有生气的民族,只提倡运动还不够,我们应该多多注意一般的游戏和娱乐。

让我们看看欧美人的生活!他们每天工作都有一定的时间,一到下了工,无论是男的女的,老的少的,贫的富的,都如醉如狂地各寻各的娱乐:看戏、跳舞、听音乐、打球、逛公园、上咖啡馆,一玩就玩一个痛快;到第二天起来,又抖擞精神,各做各的工作,一做也就做一个痛快。一到礼拜天或是其他假期,他们简直像学童散学,或是囚犯出牢似的,说不出来那一股快乐劲儿。有钱的人坐头等车到海滨去洗澡晒太阳,没有钱的人也背一袋干粮徒步走到附近的山上或河边,过一天痛快的逍遥生活。我从前住法国时,曾寄居在一个乡下人家,主人是一个寻常的工人,所赚的工资恰够维持家用,看他处处都很节省,但是一到假期,他总是把一礼拜中辛苦所挣的些微储蓄花在娱乐方面。他虽然是很穷,生活却过得很舒适。到晚间来,他的妻子要弹一阵子钢琴,他的小孩要唱几曲歌,玩几种把戏,他自己要讲一段故事,说几句笑话。一家四五口人居然过得很热闹,很快活。在这种小家庭中你绝对感觉不到单调乏味或是寂寞。总之,无论是在野外,在公共娱乐场,或是在家庭里面,他们处处都流露一种蓬蓬勃勃的生气,个个人都觉得生活是一件乐事,因为个个人都知道怎样生活。

　　让我们回头看看我们中国人的生活！大多数小百姓整天整年地像牛马一样地劳作，肩背上老是感觉到生活的压迫，面孔上老是表现奔波劳碌所酿成的憔悴，没有一刻休息的时间，更谈不到什么消遣和娱乐。许多人都在夸奖中国人这种刻苦耐劳的本领，不知道刻苦耐劳固然可钦佩，过分劳苦的生活也是剥削民族元气的刀锯。弓有弛才能有张，张而不弛，过了一定的限度必定裂断，至少也要失去它的弹性与射击力。中国民族生活就像永远是攀满弦的弓，现在似乎已逼近筋疲力尽的日子了。姑就工作的效率说，学过心理学的人都知道，接连做十二点钟的工不如拿六点钟来休息寻娱乐，以剩下的六点钟去聚精会神地工作。所以欧美人虽然每天只做八小时左右的工，而效率反比我们整天做得不歇大得多。我们一般中国人，做既然没好好地做，玩也没有好好地玩，只不松不紧地拖下去，结果是弄得体力俱敝而事无所成。这是中国社会一个极严重的病象，如果掌政教之责的人们一日不觉悟到它的严重性而急谋救药，我相信中国民族就一日没有恢复生命力的希望。

　　生命是需要流动变化而厌恶单调板滞的。地下的泉水要流通才能兴旺。它愈有机会发泄，就愈源源不绝地涌出。如果你把它的出口塞住，它不是停蓄淤滞，就是泛滥横流。人的生命力也是如此。人生来就有种种本能，情欲和其他自然倾向，每种都有一种潜力附丽在上面，这种潜力正如泉水，要流通发泄，才能生发不穷。弗洛伊德派心理学很明白地告诉我们：近代人的许多心理变态都起于人性的自然要求不得适当的满足。所以新近哲学家们都以为最健全的人生理想是多方面的自由发展；压抑某一部分性格，让某另一部分性格畸形发展，是一种最误事的办法。不幸得很，我们中国人已往所采取的恰是这种最误事的办法。小孩子生下来就要受种种束缚和钳制，许多健康人所必有的自然冲动老早就被压抑下去，还未少年，便已老成。到了老成，束缚更多。尤其是受过教育的人们要扮一副儒雅严肃面孔，一辈子不能痛痛快快地过一天自然人的生活。游戏便是轻薄，娱乐全不正经。"人生而静天之性"，所以"静"到老到死是最高的理想。我常想，中国人在精神方面尽是一些驼子跛子瞎子，四肢挛曲，五官不全，好比园中的花木，全被花匠用人工弯扭成种种不自然的形状，他们的生活干枯，他们的容貌憔悴，他们的文化衰落，都是事有必至，理有固然的。

游戏与娱乐是人生自然需要，中国人绝不是例外。有这种需要而没有这种机会，于是种种变态的不正当的满足的方法就起来了。外国人有闲工夫就去泅水打球爬山逛公园，中国人有闲工夫就守着方桌打麻将，躺在床上抽大烟，或是在酒馆里吃得一肚子油腻之后，醉醺醺地跑到窑子里抱妓女，比较新式的也不过是挤到肉臭熏天的电影院和跳舞场里去凑热闹。我可以说，中国人所有的娱乐都是文化衰落后的病态的象征，它们的功用不在调剂生活的单调，求多方面的发展，而在姑图一时的强刺激和麻醉，与吗啡针绝对没有分别。

我说正当的游戏和娱乐的缺乏足证中国文化的衰落与民族生命力的枯竭，听者也许以为过甚其词。其实我们如果稍稍研究古代中国人的生活状况，就知道这是不可逃避的结论。在古代小学教育中六艺是必修科，其中不但射御，就是礼、乐、书、数也多少含有游戏与娱乐的性质。公私宴会中奏乐、唱歌、投壶、跳舞往往是必有的节目，平民娱乐如博箭、摴蒲、斗鸡、走狗、击剑、跳丸、履絙、戏车、弄马、藏钩、射覆、击钱、掷豆等五花八门，简直数不清楚。孔子有一天叫门人们谈各人的志向。曾点说："暮春者春服既成，冠者五六人，童子六七人，浴乎沂，风乎舞雩，咏而归。"孔子听了特别赞赏他说，"吾与点也！"可见古代儒家也并不提倡不近人情的枯燥生活。我们现在回头看看，古书中所载的许多游艺杂技有几种保存到现在？拿现代中国人的生活比周秦时代的生活，相差有几远？中国人本来欢喜唱歌，现在已失去唱歌的习惯；本来欢喜跳舞，现在已失去跳舞的习惯；本来欢喜射御以及许多其他杂艺，现在这些杂艺变为士大夫所不齿的"鄙事"。你说这不是文化衰落的征兆？最显著的是乐歌的灭亡。乐歌是生气的最真切的表现。世界上没有一个有生气的民族不欢喜唱歌奏乐，而中国民族在世界中可说已经退化成为最不会唱歌奏乐的民族。别说这是小事！它比一般人所慨叹的"人心不古，世道沦夷"还更可危惧，因为浪子终可回头，而老朽是必趋于枯死。

我有许多幼年时代的英俊的同学现在都在抽大烟，或是整天地打麻将，逛窑子。想到他们，我不禁慨叹一个人在中国其容易毁；同时，也替未来的许多英俊青年栗栗危惧。谁敢说将来中国没有一天会亡于鸦片与麻将？政府在高唱禁烟禁赌，我以为这还是治标的办法，治本的办法是提倡多方面的正当游戏和娱乐。许多事情都由习惯养成，比如外国传来的跳舞，许多年轻男女都已学会了，难道许多其他比较有益的玩艺就学不会吗？唱歌、弹琴、爬山、泅水、划船、打球、骑马、野餐旅行，哪一件不比抽鸦片、打麻将强？谁不知抽鸦片、打麻将是坏事？但是在中国生活真枯燥，许多人都被单调和厌倦逼得睁着眼睛下火坑。如有正当的娱乐，许多坏嗜好是不禁自禁的。

一个人如果有正当的游戏和娱乐，对于生活兴趣一定浓厚，心境一定没有忧郁或厌倦，精神一定发扬活泼，做事一定能勇往直前。一个民族如果相习成风地嗜好正当的游戏和娱乐，它的生气一定是蓬蓬勃勃的，文化衰落后的种种变态的不康健的恶习一定不能传染到它身上。所以在今日中国青年图谋民族复兴应注意的事项中，我把游戏和娱乐摆在一个极重要的地位。我奉劝我所敬爱的青年们都趁早学几种游戏，寻几种有益身心的娱乐的方法，多唱歌，多驰马、试剑，别再像我们这一辈子人们天天在房子里枯坐着，埋怨生活单调苦闷！

光潜

谈理想与事实——
给《申报周刊》的青年读者朋友们（五）

朋友：

前几天有一位师范大学朱君来访，闲谈中他向我提出一个很严重的问题："现代社会恶浊，青年人所见到的事实和他自己所抱的理想常相冲突，比如毕业后做事就是一个大难关。如果要依照理想，廉洁自矢，守正不阿，则各机关大半是坏人把持住，你就根本不能插足进去，改造社会自然是谈不到。如果不择手段，依照中国人谋事的习惯法，奔走逢迎，献媚权贵，则你还没有改造社会，就已被社会腐化。我自己也很想将来替社会做一点事，但是又不愿同流合污，想到这一层，心里就万分烦恼。先生以为我们青年人处在这种两难的地位，究竟应该持什么一种态度呢？"

朱君所提出的只是理想与事实的冲突的一端。其实现在中国社会各方面,从家庭、婚姻、教育、内政、外交,以至于整个的社会组织,都处处使人感到事实与理想的冲突。每一个稍有良心的人从少到老都不免在这种冲突中挣扎奋斗,尤其是青年有志之士对于这种冲突特别感到苦恼。大半每个人在年轻时代都是理想主义者,欢喜闭着眼睛,在想象中造成一座堂华美丽的空中楼阁。后来入世渐深,理想到处碰事实的钉子,便不免逐渐牺牲理想而迁就事实。一到老年,事实就变成万能,理想就全置之度外。聪敏者唯唯否否,圆滑不露棱角;奸猾者则钻营竞逐,窃禄取宠,行为肮脏而话却说得堂皇漂亮。我们略放眼一看,就可以见出许多"优秀分子"的生命都形成这么一种三部曲的悲剧。

我常想,老年人难得的美德是尊重理想,青年人难得的美德是尊重事实。老年人我们姑且不去管他们,死在等待他们,他们纵然是改进社会的一个大累,不久也就要完事了。"既往不咎,来者可追。"我们这个时代的中国青年所负的责任特别繁重,中国事有救与无救,就全要看这一代人的成功与失败。一发千钧,稍纵即逝。这个时代的中国青年应该认清他们的责任,认清目前的特殊事实,以冷静而沉着的态度去解决事实所给的困难。最误事的是不顾事实而空谈理想。

我还记得那一次我回答朱君的话。我说:什么叫作"理想"?它不外有两种意义:一种是"可望而不可攀,可幻想而不可实现的完美"。比如说,在许多宗教中,理解的幸福是长生不老;它成为理想,就因为实际上没有人能长生不老。另一种是"一个问题的最完美的答案"或是"可能范围以内的最圆满的办法"。比如说，长生不老虽非人力所能达到，强健却是人力所能达到的。就人所能谋的幸福说，强健是一个合理的理想。这两种理想的分别在一个蔑视事实条件，一个顾到事实条件；一个渺茫空洞，一个有方法步骤可循。第一种理想是心理学家所谓想象中的欲望的满足，在宗教与文艺中自有它的重要，可是绝不能适用于实际人生。在实际人生中，理想都应该是解决事实困难的最合理的答案。一个理想如果不能解决事实困难，永远与事实困难相冲突，那就可以证明那个理想本身有毛病，或者可以说，它简直不成其为理想。现代青年每遇心里怀着一个"理想"时，应该自己反省一遍，看它是属于我们所说的两种理想中的哪一种。如果它属于前一种，而他要实现它，那么，他就是迂诞、狂妄、浮躁、糊涂，没有别的话。如果它属于后一种，他就应该有决心毅力，有方法程序，按部就班地去使它实现。他就不应该因为理想与事实冲突而生苦恼或怨天尤人。

比如就青年说，有两个问题最切要：第一是怎样去学一点切实的学问？第二是学成之后，怎样找机会去做事？一般青年对于求学问题所感到的困难不外两种：一种是经济困难。在现在经济破产状况之下，十个人就有九个人觉到由小学而中学，由中学而大学这一笔费用不易筹措。天灾人祸，常出意外，多数青年学生都时时有被逼辍学的可能。另一种是学力问题。学校少而应试者多。比如几个稍好的大学每年都有四五千人应试,而录取额最多只有四五百名。十人之中就有九人势须向隅。这两种事实都是与青年学生理想相冲突的。一般青年似乎都以为读书必进大学,甚至于必进某某大学;如果因为经济或学力的欠缺,不能如自己所愿望,便以为学问之途对于自己是断绝了。我以为读书而悬进大学或出洋为最高标准,根本还是深中科举资格观念的余毒。做学问的机会甚多,如果一个人真是一个做学问的材料,他终究总可以打出一条路来。如果不是这种材料,天下事可做的甚多,又何必贪读书的虚荣?就是读书,一个人也只能在自己的特殊经济情形和资禀学力范围之内,选择最适宜的路径。种田、做匠人、当兵、做买卖,以至于更卑微的职业也都要有人去干;干哪一行职业,也都可以得到若干经验学问。哲学家斯宾诺莎不肯当大学教授而宁愿操磨镜的微业以谋生活。这种精神是最值得佩服的。现在中国青年大半仍鄙视普通职业,都希望进大学、出洋、当学者、做官,过舒适的生活。这种风气显然仍是旧日科举时代所流传下来的。学者和官僚愈多,物质消耗愈大,权利竞争愈烈、平民受剥削愈盛,社会也就愈不安宁。我们试平心而论,这是不是目前中国的实在情形?

如果一般青年能了解这番道理,对于择校选科,只求在自己的特殊情形之下,如何学得一副当有用的公民的本领,不一定要勉强预备做学者或官僚,我相信上文所说的第二个问题——做事问题——就不至于像现时那么严重。在中国现在百废待举,一个中学生或大学生何至没有事可做?一个不识字的人还可以种田做买卖,难道一个受教育的人反不如乡下愚夫愚妇?事是很多的,只是受过教育的人不屑于做小事。事没有人做,结果才闹成人没有事做。

我劝青年们多去俯就有益社会的小事,并非劝他们一定不要插足于政治教育以及其他较被优待的职业。这些事也要有人去做,而且应该由纯洁而能干的人去做,现在各种优遇位置大半被一般有势力而无能力的人们把持,新进者不易插足进去。这确是事实,但不是不可变动的事实。恶势力之所以成为势力,大半是靠团结。要打破一种恶势力,一个人孤掌难鸣,也一定要有团结才行。中国青年的毛病在洁身自好者不能团结,能团结者又不免同流合污,所以结果龌龊者胜而纯洁者败。谈到究竟,恶势力在一个社会里能够存在,还要归咎于纯洁分子的惰性太深,抵抗力太小。要挽救目前中国社会种种积弊,有志的纯洁青年们应该团结起来,努力和恶势力奋斗。比如说一乡一县的事业被土豪劣绅把持,当地的优秀青年如果真正能团结奋斗,绝不难把事权夺过来。推之一省一国,也是如此。结党、造势力、争权位都不是坏事;坏事是结党而营私,争权位而分赃失职。只要势力造成权位争得以后,自己能光明正大地为社会谋福利,终久总可以博得社会的同情,打倒坏人所造成的恶势力。社会的同情总是站在善人方面,"人之好善,谁不如我?"现在许多人都见到社会上种种积弊和补救的方法,只是每个人都觉得自己力量孤单,见到而做不到。其实这里问题很简单,大家团结起来就行了。在任何社会,有一分能力总可以做一分事,做不出事来,那是自己没有能力,用不着怨天尤人。

理想不应与事实冲突,不但在求学谋事两方面是如此,其他一切也莫不然。比如说政治,现在一般青年都仿佛以为一经"革命",地狱就可以立刻变成天国。被"革命"的是什么?革命后拿什么来代替?怎样去革命?第一步怎样做?第二步怎样做?遇到难关又怎样去克服?这些问题他们似乎都不曾仔细想过,只是天天在摇旗呐喊。我们天天都听到"革命"的新口号,却没有看见一件真正"革了命"的事迹。关于这一点,目前知识界的"领袖"们似乎说不清他们的罪过,他们教一般青年误认喊革命口号为做革命工作,误认革命为一件无须学识与技能的事业。"革命"两个字在青年心理中已变成一种最空洞不过的"理想",像道家所说的"太极",有神秘的面貌而无内容,它和事实毫不接头,自然更谈不到冲突。

政治理想是随时代环境变迁的。我们不要古人为我们打算盘,也大可不必去替后人打算盘。每一个国家的最好的政治理想应该是当时当境的最圆满的应付事实的方法。目前中国所有的是什么样的事实?民穷国敝,外患纷乘,稍不振作,即归毁灭。这种事实应该使每个有头脑的中国人觉悟到:在今日谈中国政治,"图存"是第一要义。中国是一个久病之夫,一切摧残元气的举动,一切聊快一时的毁坏,都与"图存"一个基本要义不相容。"社会革命""打倒帝国主义""永久平等""大同平等",种种方剂都要牵涉到全世界的制度组织。在加入这个全世界的大战线以前,中国人首先须要把自己训练到能荷枪执戟,才可以有资格。

这番话对于现代青年是很苦辣不适口的。我只能向他们说:高调谁也会唱,但是我的良心不容许我唱高调,因为我亲眼看见,调愈唱得高,事愈做得坏,小百姓受苦愈大,而青年也愈感彷徨怅惘。

光潜

谈敬——给《申报周刊》的青年读者朋友们（六）

朋友：

前年夏天我到日本去旅行，最使我感动而至今仍眷恋不忘的是在东京明治天皇神宫所见到的一幅景象。那是一个天清气爽的早晨，明治神宫在一座广大的松柏参天、鸦默雀静的园子里巍然兀立，前面横着一条洁净无尘的柏油大道。一队又一队的青年学生趁这条路上学去，走到神宫面前时，都转身向神宫脱帽深深地一鞠躬，然后再继续走他们的路。成群的固然如此，就是单独的行人走到神宫面前对于这一项顶礼也丝毫不苟且。看他们的面容是那样严肃沉着，想来不是一种虚文繁礼，而真是中心敬仰的流露。那时节，我忘记国家的界限，不知不觉地对日本人所表现的这种精神肃然起敬，心里想，日本人究竟不是一个可以轻视的民族。

这种感想常存在心里，一直到去年二月二十六日的日本政变，才受一种出于意外的动摇。那几天的报纸已不在手边，但是经过的大概我还约略记得。二月二十六日那天早晨有一批青年军人同时分途闯进几位国老元勋的住宅去行所谓"清君侧"的壮举。他们闯进以清廉著名的首相冈田的房里，冈田夫人跪地央求他们饶了冈田，让他报效国家，而他们却悍然不顾，把他像宰猪屠狗般杀死了。他们闯进高桥老藏相的房里，老藏相头上耸着八十余龄老叟的白发，面上横着为国家任劳任怨所得的皱纹，向他们瞪着哀怜的眼睛，他们也悍然不顾，把他像宰猪屠狗的伤害了。同时他们用同样的残酷的方法杀害了许多其他国老元勋。据后来的报告，说冈田幸而没有死，但是代冈田而死的松尾面貌活像冈田，行刺者是把他认作冈田杀死的，所以在道德上的意义，他们杀松尾是与杀冈田无殊。当时我看到这种消息，我也忘记国家的界限，对这些被难者表示真挚的同情，同时也觉得日本固有的可宝贵的虔敬精神到现在像是逐渐衰落了，不免有些惋惜；心里又想，如果那次的凶杀能代表现代日本的特殊精神，日本也就不复是一个可畏的民族了。

那两种很强烈的相反称的印象近来常在我心中盘旋。它们使我深刻地感觉到"敬"一个字所代表的情感对于一个民族或一个人的重要。我想，无论是一个民族或是一个人，如果心里没有"敬"的情感，绝不会有伟大的成就。我不能仔细用逻辑说明这层道理，这也许仅是我的一种直觉，也许是历史传记把无数古今伟大人物的经验在我心中所积累成的总印象。

提起"敬"，我想到摩西率领六十万犹太人从埃及步行九十余天到西奈山对着山巅的云雾雷电，膜拜他们的尊神耶和华，战战兢兢地受他们的十诫；我想到从前过红海时所望见的天主教徒，在炎天烈日之下的空旷荒野的沙漠里，默默向麦加城俯身合掌祷祝。这种宗教情绪是最原始式的"敬"，而现代人所鄙视的迷信。但是这种迷信的意义是值得深长思的。靠着它，许多原始民族在忧患艰难中很自信地向前挣扎，维持他们的永久生命；靠着它，人类不甘与其他动物同自封于饮食男女的满足，而要悬一个超于人类的全善全能的理想，引导他们，鼓励他们做向上的企图，"敬"不是别的东西，它就是人类的一种自然的向善向上的情感。心里觉得一件东西可尊贵，觉得它超过于自己所常达到的限度，而值得自己去努力追求，于是才对它肃然起敬。

敬的情感在宗教之外又表现于英雄崇拜。提起它，我想起斯巴达王列奥尼达以三百人的孤军死守德摩比利山峡，抵抗几十万的波斯大军，宁可全军覆没，不愿放弃他们的职守。后来希腊诗人在山峡旁纪念碑上题着一句简单而深刻的铭语："过路人，请告诉斯巴达人，因为服从他们的命令，我们躺在这里。"我想象到这句话所说的英雄事迹在每个希腊人的心中所引起的虔敬，所提起的勇气。这三百人死了，那几十万波斯大军也终究没有征服希腊，希腊人的生命就靠着这一点虔敬，这一股勇气做了救星。历史上同样的实例不胜枚举。每个国家在新兴时代都有些民族英雄盘踞在一般民众的想象里,使他们咏歌赞叹,使他们奉为模范,追踪仿效,把生命的价值与荣誉永远保持下去。凡是原始时代的史诗都是对于民族英雄的虔敬崇拜的表现。希腊民族的阿喀琉斯,日耳曼民族的西格弗里,法兰西民族的查理大帝都是著例。这些民族的蹶兴,原因固不止一种,他们各有几个民族英雄成为国人的中心信仰与一国特殊精神的结晶,这一层恐怕比任何其他原因都较重要。史诗时代的英雄崇拜在今日固已过去,这是宗教神话的衰落与德谟克拉西精神的兴起所必有的结果。所以在今日谈英雄崇拜不免引起顽固腐朽的讥诮。但是事实最雄辩,骂英雄崇拜的德谟克拉西派与普罗派的人们实际上自己也还在很虔敬地崇拜英雄。倘若不然,谁去要卢梭进先贤祠?谁去替华盛顿立纪念坊?谁去替列宁造铜像?谈到究竟,历史是几个伟大人物造成的。他们特立独行,坚苦卓绝地战胜环境困难,实现他们的理想,留给我们无穷的恩惠。无论他们是政治上的人物像华盛顿和列宁,宗教上的人物像释迦和耶稣,学术上的人物像苏格拉底和孔子,都是值得我们虔诚膜拜的。一种伟大的精神在人间能不朽,就全靠这一颗虔敬的心。"敬"是对于生命最有价值的东西的眷恋,人类到失去虔敬情感的时候,就不会做向上的企图,使生命成为一种有价值的东西了。

虔敬的心到处可以表现。站在一座雄伟峭拔的高峰前,你的心里猛然迸出惊赞;读过一篇情感真挚表现完美的文艺作品,你不由自主地受感动；看到一只老麻雀从树顶上跳下来和一条猛犬拼命，营救它的雏鸟，像屠格涅夫在一首散文诗里所描写的，你心里佩服它的慈祥与勇敢，这都是虔敬的流露。一个人可以敬他的人性和人权，敬他的恩人和良师益友，敬他的责任，敬他的事业，敬他所有的一颗虔敬的心。有天良的人都必有一颗虔敬的心，到失去这颗心时，他的天良必先已丧尽，人其名而兽其实了。

中国先儒也常以主"敬"教人，但是到末流"敬"变成道学家的一种拘束。"敬"本是良心的自然流露，在外表所看得出来的是"礼"。一部《礼记》和一部《仪礼》可以说是先儒想把"敬"的表现定成一种条文，把"敬"加以公式化或刻板化。"敬"是精神，"礼"是形骸。他们以为精神可以借形骸而维持其生命，其实形骸虽存，精神可以不存在。借重形骸，结果往往使人逐渐忘去它所应表现的精神，而形骸也变成空洞累赘。"敬"由"礼"而流为拘束的原因即在此。举一个很浅显的例：向总理遗像鞠躬读遗嘱，本来应该是一种虔敬的表示，现在一般行政人员和学生们举行这种礼节时，心里大半没有丝毫虔敬的念头，就不免嫌它是一种拘束了。

我常替我们现在的中国民族担忧，我觉得我们现代中国人，无论老少，都太缺乏真挚的虔敬心。中国人本来是一个最不宗教的民族，不过在已往几千年中我们却也有一个中心信仰而对于它也怀着一种虔敬。我们曾经敬仰过忠孝节义的美德，我们曾经敬仰过在政治学术文艺各方面有伟大建树的人物。在现代，这些似乎都已变成被唾弃的偶像了。我们的心中变成很空洞的，觉得世间似乎没有一个人，一件东西或是一种品格值得我们心悦诚服地尊敬。根本上我们就已经失去一颗虔敬的心，一件奇耻大辱不能使我们感到羞耻，一个伟大人物的嘉言懿行不能使我们感发兴起。在种种方面我们都贪苟且，做官苟且抓钱，办外交苟且妥协，守防地苟且降屈退让，过毒窟妓院苟且贪一时的感官快乐……这种种"苟且"都是虔敬心丧失的铁证。文学是民族精神的最直接的表现，而现在中国最流行的文学是幽默诙谐讽刺，是无聊的感伤，是不负责任的呐喊。它所表现的是一副憨皮笑脸的态度，虔敬站在它旁边自然显得迂腐了。

朋友，你想想看，世间哪一件伟大的事业是憨皮笑脸的态度可以产生出来的？哪一个民族或则哪一个人心里不敬仰一种高尚的理想而能做向上的企图？在这憨皮笑脸的世界中，小心提防受他们的传染，时时读伟大人物的传记，滋养你那一颗虔敬的心啊！

光潜

代跋　再说一句话

朋友：

薰宇兄来信说他们有意把十二封信印成单行本，我把原稿复看一遍，想起冠在目录前页的白朗宁写完《五十个男与女》时在《再说一句话》中所说的那一个名句。

拿这本小册子和《男与女》并提，还不如拿蚂蚁所负的一粒谷与骆驼所负的千斤重载并提。但是一粒谷虽比千斤重载差得远，而蚂蚁负一粒谷却也和骆驼负千斤重载，同样卖力气。所以就蚂蚁的能力说，他所负的一粒谷其价值也无殊于骆驼所负的千斤重载。假如这个比拟可以做野人献曝的借口，让我渎袭白朗宁的名句，将这本小册子奉献给你吧。

"我的心寄托在什么地方，让我的脑也就寄托在那里。"这句话对于我还另有一个意义。我们原始的祖宗们都以为思想是要用心的。

"心之官则思",所以"思"和"想"都从"心"。西方人从前也是这样想,所以他们尝说:"我的心告诉我如此如此。"据说近来心理学发达,人们思想不用心而用脑了。心只是管血液循环的。据威廉·詹姆士派心理学家说,感情就是血液循环的和内脏移迁的结果。那么,心与其说是运思的不如说是生情的。科学家之说如此。

从前有一位授我《说文解字》的姚明晖老夫子要沟通中西,说思想要用脑,中国人早就知道了。据他说,思想的"思"字上部分的篆文并不是"田"字,实在是像脑形的。他还用了许多考据,可惜我这不成器的学生早把它丢在九霄云外了。国学家之说如此。

说来也很奇怪。我写这几篇小文字时,用心理学家所谓内省方法,考究思想到底是用心还是用脑,发现思想这件东西与其说是由脑里来的,还不如说是由心里来的,较为精当(至少在我是如此)。我所要说的话,都是由体验我自己的生活,先感到而后想到(think)的。换句话说,我的理都是由我的情产生出来的,我的思想是从心出发而后再经过脑加以整理的。

这番闲话用意不在夸奖我自己"用心"思想,也不在推翻科学家思想用脑之说,尤其不在和杜亚泉先生辩"情与理"。我承认人生有若干喜剧才行,所以把这种痴人的梦想随便说出博诸君一粲。

光潜

循竹林間藥致多閒亭坦
腹意如何為書道德還方
士留淳項流一麾鵝

吳興錢選霅峰

愿彼此，终得圆满

[朱光潜谈修养]

谈修养

朱光潜 —— 著

石油工业出版社

图书在版编目（CIP）数据

愿彼此，终得圆满：朱光潜谈修养 / 朱光潜著．--
北京：石油工业出版社，2019.3
　ISBN 978-7-5183-2728-7

Ⅰ．①愿… Ⅱ．①朱… Ⅲ．①个人－修养－青年读物
Ⅳ．① B825-49

中国版本图书馆 CIP 数据核字（2018）第 135114 号

愿彼此，终得圆满：朱光潜谈修养
朱光潜／著

出版发行：石油工业出版社
　　　　　（北京安定门外安华里 2 区 1 号楼　100011）
网　　　址：www.petropub.com
编　辑　部：（010）64523783
图书营销中心：（010）64523633
经　　　销：全国新华书店
印　　　刷：北京晨旭印刷厂
2019 年 3 月第 1 版　2019 年 3 月第 1 次印刷
880×1230 毫米　开本：1/32　印张：11.5　插页：24
字　　　数：250 千字
定　　　价：48.00 元（全二册）
（如发现印装质量问题，我社图书营销中心负责调换）
版权所有，翻印必究

目录

自序   I

一   一番语重心长的话——给现代中国青年   01

二   谈立志   09

三   朝抵抗力最大的路径走   16

四   个人本位与社会本位的伦理观   26

五   谈处群(上)——我们不善处群的病征   35

六   谈处群(中)——我们不善处群的病因   42

七   谈处群(下)——处群的训练   49

八   谈恻隐之心   59

九   谈羞恶之心   68

十   谈冷静   75

十一	谈学问	85
十二	谈读书	93
十三	谈英雄崇拜	100
十四	谈交友	107
十五	谈性爱问题	115
十六	谈休息	124
十七	谈消遣	131
十八	谈体育	138
十九	谈价值意识	145
二十	谈美感教育	153
二十一	谈谦虚	165
二十二	谈青年的心理病态	176

自序

十年前我替开明书店写了一本小册子,叫作《给青年的十二封信》。那时候我还在欧洲读书,自己还是一个青年,就个人在做人、读书各方面所得的感触,写成书信寄回给国内青年朋友们,与其说存心教训,毋宁说是谈心。我原来没有希望它能发生多大的影响,不料印行之后,它成为一种销路最广的书,里面一部分文章被采入国文课本,许多中小学校把它列入课外读物。上海、广州都发现这本书的盗印本,还有一位作者用"朱光潜"的名字印行一本《给青年的十三封信》,前三四年在成都的书店里还可以看到。我于是以《给青年的十二封信》的作者见知于世,知我者固多,罪我者亦复不少。这一切,我刚才说,都出乎我的意料。坦白地说,这样乘其不意地被人注视,我心里很有些不愉快。那是一本不成熟的处女作,不能表现我的成年的面目,而且掩盖了后来我比较用心写成的作品。尤其使我懊恼的是被人看作一个欢喜教训人的人。我一向没有自己能教训人的错觉，不过我对于实际人生问题爱思想、爱体验，同时，我怕寂寞，我需要同情心，所以心里有所感触，便希望拿来和朋友谈，以便彼此印证。我仿佛向一个伙伴说："关于这一点，我是这样想，你呢？"我希望看他点一个头，或是指出另一个看法。假如我口齿俐朗，加上身边常有可谈的朋友，我就宁愿对面倾心畅谈，绝不愿写文章。假如我生来口齿钝，可谈的朋友又不常在身边，情感和思想需要发泄，于是就请读者做想象的朋友，和他做笔谈。我用"谈"字毫不苟且，既是"谈"就要诚恳亲切。假如我早年的那本小册子略有可取处，大概也就在此。

这是十年前的话。过去几年中很有几家书店和杂志为着贪图销路，要求我再写"给青年信"那一类的文章，我心里未尝不想说话，却极力拒绝这些引诱，因为做冯妇向来不是一件惬意的事。于今我毕竟为《中央周刊》破戒，也有一个缘故。从前在那部处女作里所说的话很有些青年人的稚气，写时不免为一时热情所驱遣，有失检点，现在回想，颇有些羞愧。于今多吃了十年饭，多读了几部书，多接触了一些人情世故，也多用了一些思考体验，觉得旧话虽不必重提，漏洞却须填补。因此，《中央周刊》约我写稿，我就利用这个机会，陆续写成这部小册子中的二十来篇文章，其中也有几篇是替旁的刊物写的或没有发表的，因为性质类似，也就把它们集在一起。

读者有人写信问我："这些文章有没有一个系统？有没有一个中心思想？"我回答说："在写时我只随便闲谈，不曾想把它写成一部教科书，并没有预定的系统或中心思想。"

不过它不能说是完全没有系统。这些年来我在学校里教书任职，和青年人接触的机会多，关于修养的许多实际问题引起在这本小册子里所发表的一些感想。问题自身有些联络，我的感想也随之有些联络。万变不离宗，谈来谈去，都归结到做人的道理。

它也不能说是完全没有中心思想。我的先天的资禀与后天的陶冶所组成的人格是一个完整的有机体，我的每篇文章都是这有机体所放射的花花絮絮。我的个性就是这些文章的中心。如果向旁人检讨自己不是一桩罪过，我可以说：我大体上欢喜冷静、沉着、稳重、刚毅，以出世精神做入世事业，尊崇理性和意志，却也不菲薄情感和想象。我的思想就抱着这个中心旋转，我不另找玄学或形而上学的基础。我信赖我的四十余年的积蓄，不向主义铸造者举债。

这些文章大半在匆迫中写成的。我每天要到校办公、上课、开会、和同事同学们搬唇舌、写信、预备功课。到晚来精疲力竭走回来，和妻子、女孩、女仆挤在一间卧室兼书房里，谈笑了一阵后，已是八九点钟，家人都去睡了，我才开始做我的工作，看书或是作文。这些文章就是这样在深夜里听着妻女打呼鼾写成的。因为体质素弱，精力不济，每夜至多只能写两小时，所以每篇文章随断随续，要两三夜才写成，运思的工夫还不在内。我虽然相当用心，文字终不免有些懈怠和草率。关于这一点，我对自己颇不满，同时也羡慕有闲暇著述的人们的幸福。

目前许多作者写书，常自认想对建国万年大业有所贡献，摇一支笔杆，开一代宗风。我没有这种学问，也没有这种野心或错觉。这本小册子，我知道，像一朵浮云，片时出现，片时消失。但是我希望它在这片时间能借读者的晶莹的心灵，如同浮云借晶莹的潭水一般，呈现一片灿烂的光影。精神不灭，这影响尽管微细，也可以蔓延无穷。

一九四二年冬在嘉定脱稿

一

一番语重心长的话——给现代中国青年

我在大学里教书,前后恰已十年,年年看见大批的学生进来,大批的学生出去。这大批学生中平庸的固居多数,英俊有为者亦复不少。我们辛辛苦苦地把一批又一批的训练出来,到毕业之后,他们变成什么样的人,做出什么样的事呢?他们大半被一个共同的命运注定。有官做官,无官教书。就了职业就困于职业,正当的工作消磨了二三分光阴,人事的应付消磨了七八分光阴。他们所学的原来就不很坚实,能力不够,自然做不出什么真正的事业来。时间和环境又不容许他们继续研究,不久他们原有的那一点浅薄学问也就逐渐荒疏,终生只在忙"糊口"。这样一来,他们的个人生命就平平凡凡地溜过去,国家的文化学术和一切事业也就无从发展。还有一部分人因为生活的压迫和恶势力的引诱,由很可有为的青年腐化为土豪劣绅或贪官污吏，把原来读书人的一副面孔完全换过，为非作歹，恬不知耻，使社会上颓风恶习一天深似一天，教育的功用究竟在哪里呢？

想到这点，我感觉到很烦闷。就个人设想，像我这样教书的人把生命断送在粉笔屑中，眼巴巴地希望造就几个人才出来，得一点精神上的安慰，而年复一年地见到出学校门的学生们都朝一条平凡而暗淡的路径走，毫无补于文化的进展和社会的改善。这种生活有何意义？岂不是自误误人？其次，就国家民族的设想，在这严重的关头，性格已固定的一辈子人似已无大希望，可希望的只有少年英俊，国家耗费了许多人力和财力来培养成千成万的青年，也正是希望他们将来能担负国家民族的重任，而结果他们仍随着前一辈子人的覆辙走，前途岂不很暗淡？

青年们常欢喜把社会一切毛病归咎于站在台上的人们，其实在台上的人们也还是受过同样的教育，经过同样的青年阶段，他们也曾同样地埋怨过前一辈子人。由此类推，到我们这一辈子青年们上台时，很可能仍为下一辈子青年们不满。今日有理想的青年到明日往往变成屈服于事实而抛弃理想的堕落者。章宗祥领导过留日青年，打过媚敌辱国的蔡钧，而这位章宗祥后来做了外交部部长，签订了二十一条卖国条约。汪精卫投过炸弹，坐过牢，做过几十年的革命工作，而这位汪精卫现在做了敌人的傀儡、汉奸的领袖。许多青年们虽然没有走到这个极端，但投身社会之后，投降于恶势力的实比比皆是。这是一个很可伤心的现象。社会变来变去，而组成社会的人变相没有变质，社会就不会彻底地变好。这五六十年来我们天天在讲教育，教育对于人的质料似乎没有产生很好的影响。这一辈子人睁着眼睛蹈前一辈子人的覆辙，下一辈子人仍然睁着眼睛蹈这一辈子人的覆辙，如此循环辗转，一报还一报，"长夜漫漫何时旦"呢？

社会所属望最殷的青年们，这事实和问题是值得郑重考虑的！时光向前疾驶，毫不留情去等待人，一转眼青年便变成中年、老年，一不留意便陷到许多中年人和老年人的厄运。这厄运是一部悲惨的三部曲。第一部是悬一个很高的理想，要改造社会；第二部是发现理想与事实的冲突，意志与社会恶势力相持不下；第三部便是理想消灭，意志向事实投降，没有改革社会，反被社会腐化。给它们一个简题，这是"追求""彷徨"和"堕落"。

青年们，这是一条死路。在你们的天真烂漫的头脑里，它的危险性也许还没有得到深切的了解，你们或许以为自己绝不会走上这条路。但是我相信：如果你们没有彻底的觉悟，不拿出强毅意志力，不下艰苦卓绝的功夫，不做脚踏实地的准备，你们是不成问题地仍走上这条路。数十年之后，你们的生命和理想都毁灭了，社会腐败依然如故，又换了一批像你们一样的青年来，仍是改革不了社会。朋友们，我是过来人，这条路的可怕我并没有夸张，那是绝对不能再走的啊！

耶稣宣传他的福音，说只要普天众生转一个念头，把心地洗干净，以仁爱为怀，人世就可立成天国。这理想简单到不能再简单，可是也深刻到不能再深刻。极简单的往往是正途大道，因为易为人所忽略，也往往最不易实现。本来是很容易的事却变成最难实现的，这全由于人的愚蠢、怯懦和懒惰。世间事之难就难在人们不知道或是不能够转一个念头，或是转了念头而没有力量坚持到底。幸福的世界里绝没有愚蠢者、怯懦者和懒惰者的地位。你要合理地生存，你就要有觉悟、有决心、有奋斗的精神和能力。

"知难行易"，这觉悟是我们青年所最缺乏的。大家都似在鼓里过日子，闭着眼睛醉生梦死，放弃人类最珍贵的清醒的理性，降落到猪豚一般随人饲养，随人宰割。世间宁有这样痛心的事！青年们，目前只有一桩大事——觉悟——彻底地觉悟！你们正在做梦，需要一个晴天霹雳把你们震醒，把"觉悟"两字震到你们的耳里去。

"条条大路通罗马"，实现人生和改良社会都不必只有一条路径可走。每个人所走的路应该由他自己审度自然条件和环境需要，逐渐摸索出来，只要肯走，迟早总可以走到目的地。无论你走哪一条路，你都必定立定志向要做人。做现代的中国人，你必须有几个基本的认识。

一、时代的认识——人类社会进化逃不掉自然律。关于进化的自然律，科学家们有不同的看法。依达尔文派学者，生物常在生存竞争中，最适者生存，不适者即归淘汰。依克鲁泡特金，社会的维持和发展全靠各分子能分工互助，互助也是本于天性。这两种相反的主张产生了两种不同的国际政治理想。一种理想是拥护战争，生存既是一种竞争，而在竞争中又只有最适者可生存，则造就最适者与维持最适者都必靠战争，战争是文化进展的最强烈的刺激剂。另一种理想是拥护和平，战争只是破坏，在战争中人类尽量发挥残酷的兽性，愈残酷愈贪摧毁，愈不易团结，愈不易共存共荣；要文化发展，我们需要建设，建设需要互助，需要仁爱，也需要和平。这两种理想各有片面的真理，相反适以相成，不能偏废。我们的时代是竞争最激烈的时代，也是最需要互助的时代。竞争是事实，而互助是理想。无论你竞争或是互助，你都要拿副本领来。在竞争中只有最适者才能生存，在互助中最不适者也不见得能坐享他人之成。所谓"最适"就是最有本领，近代的本领是学术思想，是技术，是组织力。无论是个人在国家社会中，或是民族在国际社会中，有了这些本领，才能和人竞争，也才能和人互助，否则你纵想苟且偷生，也必终归淘汰，自然铁律是毫不留情的。

二、国家民族现在地位的认识——我国数千年来闭关自守。固有的文化可以自给自足，而且四围诸国家民族的文化学术水准都比我们的低，不曾感到很严重的外来的威胁。从十九世纪以来，海禁大开，中国变成国际集团中的一分子，局面就陡然大变。我们现在遇到两重极严重的难关。第一，我们固有的文化学术不够应付现时代的环境。我们起初慑于西方科学与物质文明的威力，把固有的文化看得一文不值，主张全盘接收欧化；到现在所接收的还只是皮毛，毫不济事，情境不同，移植的树常不能开花结果，而且从两次大战与社会不安的状况看来，物质文明的误用也很危险，于是又有些人提倡固有文化，以为我们原来固有的全是对的。比较合理的大概是兼收并蓄，就中西两方成就截长补短，建设一种新的文化学术。但是文化学术须有长期的培养，不是像酵母菌可以一朝一夕制造出来的。我们从事于文化学术的人们能力都还太幼稚薄弱，还不配说建设。总之，我们旧的已去，新的未来，在这青黄不接的时候，我们和其他民族竞争或互助，几乎没有一套武器或工具在手里。这是一个极严重的局势。其次，我们现在以全副精力抗战建国。这两重工作中抗战是急需，是临时的；建国是根本，是长久的。多谢贤明领袖的指导与英勇将士的努力，多谢国际局面的转变，我们的抗战已逼近最后的胜利。这是我们的空前的一个好机会，从此我们可以在国际社会中做一个光荣的分子，从此我们可以在历史上开一个新局面。但是这"可以"只是"可能"而不是"必然"，由"可能"变为"必然"，还需要比抗战更坚苦的努力。抗战后还有成千成万的问题亟待解决，有许多恶习积弊要洗清，有许多文化事业和生产事业要建设。我们试问，我们的人才准备能否很有效率地担负这些重大的工作呢？要不然，我们的好机会将一纵即逝，我们的许多光明希望将终成泡影。我们的青年对此须有清晰的认识，须急起直追，抓住好时机不放过。

三、个人对于国家民族的关系的认识——世界处在这个剧烈竞争的时代，国家民族处在这个一发千钧的关头，我们青年人所处的地位何如呢？有两个重要的前提我们必须认识清楚：

第一，国家民族如果没有出路，个人就绝不会有出路；要替个人谋出路，必须先替国家民族谋出路。

第二，个人在社会中如果不能成为有力的分子，则个人无出路，国家民族也无出路。要个人在社会中成为有力的分子，必须有德、有学、有才，而德行、学问、才具都须经过艰苦的努力才可以得到。

以往我们青年的错误就在对这两个前提毫无认识。大家都只为个人打算，全不替国家民族着想。我们忙着贪图个人生活的安定和舒适，不下功夫培养造福社会的能力，不能把自己所应该做的事做好，一味苟且敷衍，甚至用种种不正当的手段去求个人安富尊荣，钻营、欺诈、贪污，无所不至，这样一来，把社会弄得日渐腐败，国家弄得日渐贫弱。这是一条不能再走的死路，我已一再警告过。我们必须痛改前非，把一切自私的动机痛痛快快地斩除干净，好好地在国家民族的大前提上做功夫。我们须知道，我们事事不如人，归根究竟，还是我们的人不如人。现在要抬高国家民族的地位，我们每个人必须培养健全的身体、优良的品格、高深的学术和熟练的技能，把自己造成社会中一个有力的分子。

　　这是三个最基本的认识。我们必须有这些认识,再加以艰苦卓绝的精神去循序实行,到死不懈,我们个人、我们国家民族才能踏上光明的大道。最后,我还须着重地说,我们需要彻底地觉悟。

二　谈立志

抗战以前与抗战以来的青年心理有一个很显然的分别：抗战以前，普通青年的心理变态是烦闷；抗战以来，普通青年的心理变态是消沉，烦闷大半起于理想与事实的冲突。在抗战以前，青年对于自己前途有一个理想，要有一个很好的环境求学，再有一个很好的职业做事；对于国家民族也有一个理想，要把侵略的外力打倒，建设一个新的社会秩序。这两种理想在当时都似很不容易实现，于是他们急躁不耐烦、失望，以至于苦闷。抗战发生时，我民族毅然决然地拼全部力量来抵挡侵略的敌人，青年们都兴奋了一阵，积压许久的郁闷为之一畅。但是这种兴奋到现在似已逐渐冷静下去，国家民族的前途比从前光明，个人求学就业也比从前容易，虽然大家都硬着脖子在吃苦，可是振作的精神似乎很缺乏。在学校的学生们对功课很敷衍，出了学校就职的人们对事业也很敷衍，对于国家大事和世界政局没有像从前那样关切。这是一个很可忧虑的现象，因为横在我们面前的还有比抗敌更艰难的局面，需要更坚决、更沉着的努力来应付，而我们青年现在所表现的精神显然不足以应付这种艰难的局面。

如果换个方式来说，从前的青年人病在志气太大，目前的青年人病在志气太小，甚至于无志气。志气太大，理想过高，事实迎不上头来，结果自然是失望烦闷；志气太小，因循苟且，麻木消沉，结果就必至于堕落。所以我们宁愿青年烦闷，不愿青年消沉。烦闷至少是对于现实的欠缺还有敏感，还可以激起努力；消沉对于现实的欠缺就根本麻木不仁，绝不会引起改善的企图。但是说到究竟，烦闷之于消沉也不过是此胜于彼，烦闷的结果往往是消沉，犹如消沉的结果往往是堕落。目前青年的消沉与前五六年青年的烦闷似不无关系。烦闷是耗费心力的，心力耗费完了，连烦闷也不曾有，那便是消沉。

一个人不会生来就烦闷或消沉的，因为人都有生气，而生气需要发扬，需要活动。有生气而不能发扬，或是活动遇到阻碍，才会烦闷和消沉。烦闷是感觉到困难，消沉是无力征服困难而自甘失败。这两种心理病态都是挫折以后的反应。一个人如果经得起挫折，就不会起这种心理变态。所谓经不起挫折，就是没有决心和勇气，就是意志薄弱。意志薄弱经不起挫折的人往往有一套自宽自解的话，就是把所有的过错都推诿到环境。明明是自己无能，而埋怨环境不允许我显本领；明明是自己甘心做坏人，而埋怨环境不允许我做好人。这其实是懦夫的心理，对于自己全不肯负责任。环境永远不会美满的，万一它生来就美满，人的成就也就无甚价值。人所以可贵，就在他不像猪豚，被饲而肥，他能够不安于污浊的环境，拿力量来改变它、征服它。

普通人的毛病在责人太严，责己太宽。埋怨环境还由于缺乏自省自责的习惯。自己的责任必须自己担当起，成功是我的成功，失败也是我的失败。每个人是他自己的造化主，环境不足畏，犹如命运不足信。我们的民族需要自力更生，我们每个人也是如此。我们的青年必须先有这种觉悟，个人和国家民族的前途才有希望。能责备自己，信赖自己，然后自己才会打出一个江山来。

我们有一句老话："有志者事竟成。"这话说得很好，古今中外在任何方面经过艰苦奋斗而成功的英雄豪杰都可以做例证。志之成就是理想的实现。人为的事实都必基于理想，没有理想绝不能成为人为的事实。譬如登山，先须存念头去登，然后一步一步地走上去，最后才会到达目的地。如果根本不起登的念头，登的事实自无从发生。这是浅例。世间许多行尸走肉浪费了他们的生命，就因为他们对于自己应该做的事不起念头。许多以教育为事业的人根本不起念头去研究，许多以政治为事业的人根本不起念头为国民谋幸福。我们的文化落后，社会紊乱，不就由于这个极简单的原因吗？这就是上文所谓"消沉""无志气"。有志者事竟成,无志者事就不成。

不过"有志者事竟成"一句话也很容易发生误解,"志"字有几种意义:一是念头或愿望(wish),一是起一个动作时所存的目的(purpose),一是达到目的的决心(will, determination)。譬如登山,先起登的念头,次要一步一步地走,而这走必步步以登为目的,路也许长,障碍也许多,须抱定决心,不达目的不止,然后登的愿望才可以实现,登的目的才可以达到。"有志者事竟成"的"志",须包含这三种意义在内:第一要起念头,第二要认清目的和达到目的之方法,第三是抱必达目的之决心。很显然的,要事之成,其难不在起念头,而在目的之认识与达到目的之决心。

有些人误解立志只是起念头。一个小孩子说他将来要做大总统,一个乞丐说他成了大阔佬要砍他的仇人的脑袋,所谓"癞蛤蟆想吃天鹅肉",完全不思量达到这种目的所必有的方法或步骤,更不抱定循这方法步骤去达到目的之决心,这只是狂妄,不能算是立志。世间有许多人不肯学乘除加减而想将来做算学的发明家;不学军事、学当兵打仗而想将来做大元帅东征西讨;不切实培养学问技术而想将来做革命家改造社会,都是犯这种狂妄的毛病。

如果以起念头为立志,则有志者事竟不成之例甚多。愚公尽可移山,精卫尽可填海,而世间确实有不可能的事情。我们必须承认"不可能"的真实性。所谓"不可能",就是俗语所谓"没有办法",没有一个方法和步骤去达到所悬想的目的。没有认清方法和步骤而想达到那个目的，那只是痴想而不是立志。志就是理想，而理想的理想必定是可实现的理想。理想一般有两种意义，一是"可望而不可攀，可幻想而不可实现的完美"，比如许多宗教都以长生不老为人生理想，它成为理想，就因为事实上没有人长生不老。理想的另一意义是"一个问题的最完美的答案"，或是"可能范围以内的最圆满的解决困难的办法"。比如长生不老虽非人力所能达到，而强健却是人力所能达到的，就人的能力范围来说，强健是一个合理的理想。这两种意义的分别在一个蔑视事实条件，一个顾到事实条件；一个渺茫无稽，一个有方法步骤可循。严格地说，前一种是幻想、痴想而不是理想，是理想都必顾到事实。在理想与事实起冲突时，错处不在事实而在理想。我们必须接受事实，理想与事实背驰时，我们应该改变理想。坚持一种不合理的理想而至死不变只是匹夫之勇，只是"猪武"。我特别着重这一点，因为有些道德家在盲目地说坚持理想，许多人在盲目地听。

我们固然要立志，同时也要度德量力。卢梭在他的教育名著《爱弥儿》里有一段很透辟的话，大意是说人生幸福起于愿望与能力的平衡。一个人应该从幼时就学会在自己能力范围以内起愿望，想做自己所能做的事，也能做自己所想做的事。这番话出诸浪漫色彩很深的卢梭尤其值得我们玩味。卢梭自己有时想入非非，因此吃过不少的苦头，这番话实在是经验之谈。许多烦闷，许多失败，都起于想做自己所不能做的事，或是不能做自己所想做的事。

志气成就了许多人，志气也毁坏了许多人。既是志，实现必不在目前而在将来。许多人拿立志远大做借口，把目前应做的事延宕贻误。尤其是青年们欢喜在遥远的未来摆一个黄金时代，把希望全寄托在那上面，终日沉醉在迷梦里，让目前宝贵的时光与机会错过，徒贻日后无穷之悔。我自己从前有机会学希腊文和意大利文时，没有下手，买了许多文法读本，心想到四十岁左右时当有闲暇岁月，许我从容自在地自修这些重要的文字，现在四十过了几年了，看来这一生似不能与希腊文和意大利文有缘分了，那箱书籍也恐怕只有摆在那里霉烂了。这只是一例。我生平有许多事叫我追悔，大半都像这样"志在将来"而转眼即空空过去。"延"与"误"永是连在一起，而所谓"志"往往叫我们由"延"而"误"。所谓真正立志，不仅要接受现在的事实，尤其要抓住现在的机会。如果立志要做一件事，那件事的成功尽管在很远的将来，而那件事的发动必须就在目前一顷刻。想到应该做，马上就做，不然，就不必发下一个空头愿。发空头愿成了一个习惯，一个人就会永远在幻想中过活，成就不了任何事业，听说抽鸦片烟的人想头最多，意志力也最薄弱。老是在幻想中过活的人在精神方面颇类似烟鬼。

我在很早的一篇文章里提出我个人做人的信条，现在想起，觉得其中仍有可取之处，现在不妨趁此再提出供读者参考。我把我的信条叫作"三此主义",就是此身、此时、此地。一、此身应该做而且能够做的事,就得由此身担当起,不推诿给旁人。二、此时应该做而且能够做的事,就得在此时做,不拖延到未来。三、此地(我的地位,我的环境)应该做而且能够做的事,就得在此地做,不推诿到想象中的另一地位去做。

这是一个极现实的主义。本分人做本分事,脚踏实地,丝毫不带一点浪漫情调。我相信如果我们能够彻底地照着做,不至于很误事。西谚说得好:"手中的一只鸟,值得林中的两只鸟。"许多"有大志"者往往为着觊觎林中的两只鸟,让手中的一只鸟安然逃脱。

三 朝抵抗力最大的路径走

我提出这个题目来谈,是根据一点亲身的经验。有一个时候,我学过作诗填词。往往一时兴到,我信笔直书,心里想到什么,就写什么,写成了自己读读看,觉得很高兴,自以为还写得不坏,后来我把这些处女作拿给一位精于诗词的朋友看,请他批评。他仔细看了一遍后,很坦白地告诉我说:"你的诗词未尝不能作,只是你现在所作的还要不得。"我就问他:"毛病在哪里呢?"他说:"你的诗词都来得太容易,你没有下过力,你欢喜取巧,显小聪明。"听了这话,我捏了一把冷汗,起初还有些不服,后来对于前人作品多费过一点心思,才恍然大悟那位朋友批评我的话真是一语破的。我的毛病确是在没有下过力。我过于相信自然流露,没有知道第一次浮上心头的意思往往不是最好的意思,第一次浮上心头的词句也往往不是最好的词句。意境要经过洗练，表现意境的词句也要经过推敲，才能脱去渣滓，达到精妙境界。洗练、推敲要吃苦费力，要朝抵抗力最大的路径走。福楼拜自述写作的辛苦说："写作要超人的意志，而我却只是一个人！"我也有同样感觉，我缺乏超人的意志，不能拼死力往里钻，只朝抵抗力最低的路径走。

这一点切身的经验使我受到很深的感触。它是一种失败，然而从这种失败中我得到一个很好的教训。我觉得不但在文艺方面，就在立身处世的任何方面，贪懒取巧都不会有大成就，要有大成就，必定朝抵抗力最大的路径走。

"抵抗力"是物理学上的一个术语。凡物在静止时都本其固有"惰性"而继续静止，要使它动，必须在它身上加"动力"，动力愈大，动愈速愈远。动的路径上不能无抵抗力，凡物的动都朝抵抗力最低的方向。如果抵抗力大于动力，动就会停止，抵抗力纵是低，聚集起来也可以使动力逐渐减少以至于消灭，所以物不能永动，静止后要它续动，必须加以新动力。这是物理学上一个很简单的原理，也可以应用到人生上面。人像一般物质一样，也有惰性，要想他动，也必须有动力。人的动力就是他自己的意志力。意志力愈强，动愈易成功；意志力愈弱，动愈易失败。不过人和一般物质有一个重要的分别：一般物质的动都是被动，使它动的动力是外来的；人的动有时可以是主动，使他动的意志力是自生自发、自给自足的。在物的方面，动不能自动地随抵抗力之增加而增加；在人的方面，意志力可以自动地随抵抗力之增加而增加，所以物质永远是朝抵抗力最低的路径走，而人可以朝抵抗力最大的路径走。物的动必终为抵抗力所阻止，而人的动可以不为抵抗力所阻止。

照这样看，人之所以为人，就在能不为最大的抵抗力所屈服。我们如果要测量一个人有多少人性，最好的标准就是他对于抵抗力所拿出的抵抗力，换句话说，就是他对于环境困难所表现的意志力。我在上文说过，人可以朝抵抗力最大的路径走，人的动可以不为抵抗力所阻。我说"可以"不说"必定"，因为世间大多数人仍是惰性大于意志力，欢喜朝抵抗力最低的路径走，抵抗力稍大，他就要缴械投降。这种人在事实上失去最高生命的特征，堕落到无生命的物质的水平线上，和死尸一样东推东倒，西推西倒。他们在道德、学问、事功各方面都绝不会有成就，万一以庸庸得厚福，也是叨天之幸。

人生来是精神所附丽的物质，免不掉物质所常有的惰性。抵抗力最低的路径常是一种引诱，我们还可以说，凡是引诱所以能成为引诱，都因为它是抵抗力最低的路径，最能迎合人的惰性。惰性是我们的仇敌，要克服惰性，我们必须动员坚强的意志力，不怕朝抵抗力最大的路径走。走通了，抵抗力就算被征服，要做的事也就算成功。举一个极简单的例子。在冬天早晨，你睡在热被窝里很舒适，心里虽知道这应该是起床的时候而你总舍不得起来。你不起来，是顺着惰性，朝抵抗力最低的路径走。被窝的暖和舒适，外面的空气寒冷，多躺一会儿的种种借口，对于起床的动作都是很大的抵抗力，使你觉得起床是一件天大的难事。但是你如果下一个决心，说非起来不可，一耸身你也就起来了。这一起来事情虽小，却表示你对于最大抵抗力的征服，你的企图的成功。

这是一个琐屑的事例，其实世间一切事情都可做如此看法。历史上许多伟大人物所以能有伟大成就者，大半都靠有极坚强的意志力，肯向抵抗力最大的路径走。例如孔子，他是当时一个大学者，门徒很多，如果他贪图个人的舒适，大可以坐在曲阜过他安静的学者的生活。但是他毕生东奔西走，席不暇暖，在陈绝过粮，在匡遇过生命的危险，他那副奔波劳碌栖栖遑遑的样子颇受当时隐者的嗤笑。他为什么要这样呢？就因为他有改革世界的抱负，非达到理想，他不肯甘休。《论语》长沮、桀溺章最足见出他的心事。长沮、桀溺二人隐在乡下耕田，孔子叫子路去向他们问路，他们听说是孔子，就告诉子路说："滔滔者天下皆是也，而谁以易之！"意思是说，于今世道到处都是一般糟，谁去理会它、改革它呢？孔子听到这话叹气说："鸟兽不可与同群，吾非斯人之徒与而谁与？天下有道，丘不与易也。"意思是说，我们既是人就应做人所应该做的事；如果世道不糟，我自然就用不着费气力去改革它。孔子平生所说的话，我觉得这几句最沉痛、最伟大。长沮、桀溺看天下无道，就退隐躬耕，是朝抵抗力最低的路径走；孔子看天下无道，就牺牲一切要拼命去改革它，是朝抵抗力最大的路径走。他说得很干脆，"天下有道，丘不与易也"。

再如耶稣，从《新约》中四部《福音》看，他的一生都是朝抵抗力最大的路径走。他抛弃父母兄弟，反抗当时旧犹太宗教，攻击当时的社会组织，要在慈爱上建筑一个理想的天国，受尽种种困难艰苦，到最后牺牲了性命，都不肯放弃了他的理想。在他的生命史中有一段是一发千钧的危机。他下决心要宣传天国福音后，跑到沙漠里苦修了四十昼夜。据他的门徒的记载，这四十昼夜中他不断地受恶魔引诱。恶魔引诱他去争尘世的威权，去背叛上帝，崇拜恶魔自己。耶稣经过四十昼夜的挣扎，终于拒绝恶魔的引诱，坚定了对于天国的信念。从我们非教徒的观点看，这段恶魔引诱的故事是一个寓言，表示耶稣自己内心的冲突。横在他面前的有两条路：一是上帝的路，一是恶魔的路。走上帝的路要牺牲自己，走恶魔的路他可以握住政权，享受尘世的安富尊荣。经过了四十昼夜的挣扎，他决定了走抵抗力最大的路——上帝的路。

我特别在耶稣生命中提出恶魔引诱的一段故事，因为它很可以说明宋明理学家所说的天理与人欲的冲突。我们一般人尽善尽恶的不多见，性格中往往是天理与人欲杂糅，有上帝也有恶魔，我们的生命史常是一部理与欲、上帝与恶魔的斗争史。我们常在歧途徘徊，理性告诉我们向东，欲念却引诱我们向西。在这种时候，上帝的势力与恶魔的势力好像摆在天平的两端，见不出谁轻谁重。这是"一发千钧"的时候，"一失足即成千古恨"，一挣扎立即可成圣贤豪杰。如果要上帝的那一端天平沉重一点，我们必须在上面加一点重量，这重量就是拒绝引诱、克服抵抗力的意志力。有些人在这紧要关头拿不出一点意志力，听惰性摆布，轻轻易易地堕落下去，或是所拿的意志力不够坚决，经过一番冲突之后，仍然向恶魔缴械投降。例如洪承畴本是明末一个名臣，原来也很想效忠明朝，恢复河山，清兵入关后，大家都预料他以死殉国，清兵百计劝诱他投降，他原也很想不投降，但是到最后终于抵不住生命的执着与禄位的诱惑，做了明朝的汉奸。再举一个眼前的例子，汪精卫前半生对于民族革命很努力，当这次抗战开始时，他广播演说也很慷慨激昂。谁料到他利禄熏心，一经敌人引诱，就起了卖国叛党的坏心思。依陶希圣的记载，他在上海时似仍感到良心上的痛苦，如果他拿出一点意志力，及早回头，或以一死谢国人，也还不失为知过能改的好汉。但是他拿不出一点意志力，就认错做错，甘心认贼作父。世间许多人失节败行，都像汪精卫、洪承畴之流，在紧要关头，不肯争一口气，就马马虎虎地朝抵抗力最低的路径走。

  这是比较显著的例，其实我们涉身处世，随时随地目前都横着两条路径，一是抵抗力最低的，一是抵抗力最大的。比如当学生，不死心塌地去做学问，只敷衍功课，混分数文凭；毕业后不拿出本领去替社会服务，只奔走巴结，夤缘幸进，以不才而在高位；做事时又不把事当事做，只一味因循苟且，敷衍公事，甚至于贪污淫逸，遇钱即抓，不管它来路正当不正当——这都是放弃抵抗力最大的路径而走抵抗力最低的路径。这种心理如充类至尽，就可以逐渐使一个人堕落。我常穷究目前中国社会腐败的根源，以为一切都由于懒。懒，所以苟且因循敷衍，做事不认真；懒，所以贪小便宜，以不正当的方法解决个人的生计；懒，所以随俗浮沉，一味圆滑，不敢为正义公道奋斗；懒，所以遇引诱即堕落，个人生活无纪律，社会生活无秩序。知识阶级懒，所以文化学术无进展；官吏懒，所以政治不上轨道；一般人都懒，所以整个社会都"吊儿郎当"，暮气沉沉。懒是百恶之源，也就是朝抵抗力最低的路径走。如果要改造中国社会，第一件心理的破坏工作是除懒，第一件心理的建设工作是提倡奋斗精神。

生命就是一种奋斗，不能奋斗，就失去生命的意义与价值；能奋斗，则世间很少不能征服的困难。古话说得好，"有志者事竟成"。希腊最大的演说家是德摩斯梯尼，他生来口吃，一句话也说不清楚，但他抱定决心要成为一个大演说家，他天天一个人走到海边，向着大海练习演说，到后来居然达到了他的志愿。这个实例阿德勒（Adler）派心理学家常喜援引。依他们说，人自觉有缺陷，就起"卑劣意识"，自耻不如人，于是心中就起一种"男性的抗议"，自己说我也是人，我不该不如人，我必用我的意志力来弥补天然的缺陷。阿德勒派学者用这原则解释许多伟大人物的非常成就，例如聋子成为大音乐家，瞎子成为大诗人之类。我觉得一个人的紧要关头是在起"卑劣意识"的时候。起"卑劣意识"是知耻，孔子说得好，"知耻近乎勇"。但知耻虽近乎勇而却不就是勇。能勇必定有阿德勒派所说的"男性的抗议"。"男性的抗议"就是认清了一条路径上抵抗力最大而仍然勇往直前，百折不挠。许多人虽天天在"卑劣意识"中过活，却永不能发"男性的抗议"，只知怨天尤人，甚至于自己不长进，希望旁人也跟着他不长进，看旁人长进，只怀满肚子醋意。这种人是由知耻回到无耻，注定的要堕落到十八层地狱，永不超生。

能朝抵抗力最大的路径走，是人的特点。人在能尽量发挥这特点时，就足见出他有富裕的生活力。一个人在少年时常是朝气勃勃，有志气，肯干，觉得世间无不可为之事，天大的困难也不放在眼里。到了年事渐长，受过了一些磨折，他就逐渐变成暮气沉沉，意懒心灰，遇事都苟且因循，得过且过，不肯出一点力去奋斗。一个人到了这时候，生活力就已经枯竭，虽是活着，也等于行尸走肉，不能有所作为了。所以一个人如果想奋发有为，最好是趁少年血气方刚的时候，少年时如果能努力，养成一种勇往直前百折不挠的精神，老而益壮，也还是可能的。

一个人的生活力之强弱，以能否朝抵抗力最大的路径为准，一个国家或是一个民族也是如此。这个原则有整个的世界史证明。姑举几个显著的例，西方古代最强悍的民族莫如罗马人，我们现在说到能吃苦肯干，重纪律，好冒险，仍说是"罗马精神"。因其有这种精神，所以罗马人东征西讨，终于统一了欧洲，建立一个庞大的殖民帝国。后来他们从殖民地获得丰富的资源，一般罗马公民都可以坐在家里不动而享受富裕的生活，于是变成骄奢淫逸，无恶不为，一到新兴的"野蛮"民族从欧洲东北角向南侵略，罗马人就毫无抵抗而分崩瓦解。再如女真族，他们在入关以前过的是骑猎生活，民性最强悍，很富于吃苦冒险的精神，所以到明末张李之乱、社会腐败紊乱时，他们以区区数十万人之力就能入主中夏。可是他们做了皇帝之后，一切皇亲国戚都坐着不动吃皇粮，享大位，过舒服生活，不到三百年，一个新兴民族就变得腐败不堪，辛亥革命起，我们就轻轻易易地把他们推翻了。我们如果要明白一个民族能够堕落到什么地步，最好去看看北平的旗人。

我们中华民族在历史上经过许多波折，从周秦到现在，没有哪一个时代我们不遇到很严重的内忧，也没有哪一个时代我们没有和邻近的民族挣扎，我们爬起来蹶倒，蹶倒了又爬起，如此者已不知若干次。从这简单的史实看，我们民族的生活力确是很强旺，它经过不断的奋斗才维持住它的生存权。这一点祖传的力量是值得我们尊重的。

于今我们又临到严重的关头了。横在我们面前的只有两条路，一是汪精卫和一班汉奸所走的，抵抗力最低的，屈服；一是我们全民族

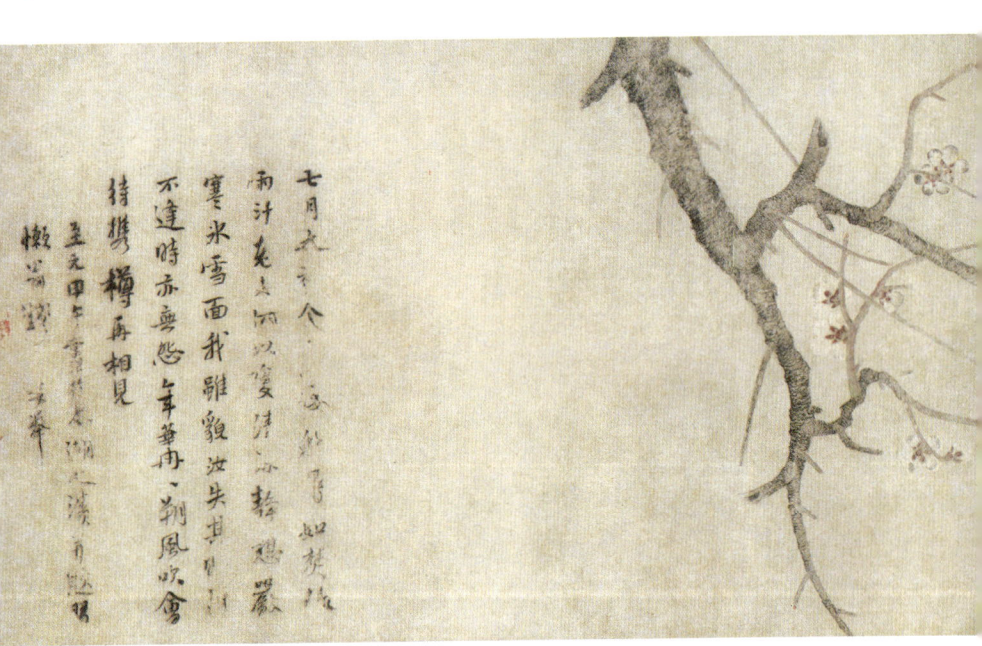

七月大火之令⋯⋯安能有如焚烙
雨汁怎忘如以變清冰䔇鴉巖
寒冰雪面我雖貌汝失其⋯
不逢時亦無怨年華雨朔風吹會
待雙樽再相見
懶瓚識

所走的抵抗力最大的抗战。我相信我们民族的雄厚的生活力能使我们克服一切困难。不过我们也要明白，我们的前途困难还很多，抗战胜利只解决困难的一部分，还有政治、经济、文化、教育各方面的建设工作还需要更大的努力。一直到现在，我们所拿出来的奋斗精神还是不够。因循、苟且、敷衍，种种病象在社会上还是很流行。我们还是有些老朽，我们应该趁早还童。

孟子说："天将降大任于斯人也，必先苦其心志，劳其筋骨，饿其体肤，空乏其身，行拂乱其所为，所以动心忍性，增益其所不能。"于今我们的时代是"天将降大任于斯人"的时代了，孟子所说的种种折磨，我们正在亲领身受。我希望每个中国人，尤其是青年们，要明白我们的责任，本着大无畏的精神，不顾一切困难，向前迈进。

四 个人本位与社会本位的伦理观

社会由个人集合而成,而个人亦必生存于社会。由前一点说,个人是主体,社会是扩充;由后一点说,社会是主体,个人是附庸。粗略地说,中国传统的伦理思想偏重前一个看法,西方传统的伦理思想偏重后一个看法。

中国思想界最占势力的是道家与儒家。道家思想有两个基本原则:一是极端的自然主义,一是极端的个人主义。唯其偏重自然主义,所以蔑视制度文为。一切都应任其自然,无为而治,凡是制度文为都是不必要的纷扰,我们必须把它们丢开,回到"自然状态"中的浑朴真纯,才能达到太平安乐景象。唯其侧重个人主义,所以蔑视社会。虽说"大患在于有身",而身究竟贵于天下一切,尊生贵己,长生久视,是道家极重视的一套功夫。"民至老死不相往来",自然说不到个人转移社会，更说不到社会影响个人。老子所谓"我无为而民自化，我无事而民自富，我无欲而民自朴"，其实并非有所作为，不过人人各安其所，把文化与生活需要降到极低限度，互不侵犯，"共存共荣"而已。道家反对社会，所以反对适用于社会的一切美德如仁义礼智之类。他们的理想是"遗世独立""超然物表"，儒家与道家彻底不同的地方在淑世心切，极重有为，要把世界由"自然状态"提升到"文化状态"。但是儒家虽不倡个人主义，而论道德、说仁义，却全从个人本位出发。修身诚意，克己复礼，是基本功夫，齐家、治国、平天下不过是修身以后的效用。政治只是一种教育，而教育又只是人格感化。季康子问政，孔子回答说："政者正也，子帅以正，孰敢不正？"己立立人，己达达人；达固可兼善天下，穷仍可独善其身。儒家所提倡的美德大半含有社会性，但是他们所着重的却不在它的社会性而在它对于个人修养的重要。比如说仁与敬是儒家所极重视的，仁必有对象，敬亦必有对象，但儒家并不着重仁与敬对于人（社会）的效用，而着重它们在个人内心是美德。儒家颇鄙视功利主义，很有"为道德而道德"的精神。

西方思想界最占势力的是希腊人所传下来的哲学系统和从希伯来所吸收过来的基督教。哲学支流虽多，谈伦理大半从社会本位出发。最显著的是柏拉图和黑格尔，他们都以为国家高于一切，个人幸福应以社会幸福为本。卢梭本是菲薄社会者，也说民约既成，个人意志即须受制于公众意志。近代西方人所提倡的自由似稍替个人主义助声势，但是他们的理想的自由，如穆勒所标榜的是"最多数人的最大量的幸福"，仍不脱社会本位的看法。至于基督教本是被压迫民族所酝酿成的一种宗教，在欧洲社会开始崩溃时流传到西方，其要义为平等博爱，实针对当时欧洲社会的病象，含有很浓厚的社会革命意味。耶稣被认为是救世主，他的受刑是为全人类赎罪。耶稣教徒的理想是天国的实现而不是个人的享乐。耶稣教之所以深入人心的原因，除了提出与现实黑暗世界相对照的一个光明灿烂的天国以外，还有同教门中的极强烈的"弟兄感"。总之，耶稣教之成功，正因其是从社会本位出发的宗教。哲学与宗教在西方之所以走到侧重社会的方向，原因大概在西方国小，个人与社会的关系易于被感觉到，"道德"（morality）一词在西文原义本为"习俗"。近代西方伦理学家以为道德起于人与人的关系，离开社会便无道德可言，甚至有人以为行为之为善为恶，就看他对于社会有益或有害；社会学家以为道德只是社会习俗所逐渐演成的，变其所以然为其所当然，所以伦理学应由规范科学变为自然科学；政治经济学家以为人的好坏大半由于社会环境，说到究竟，个人的道德责任应由社会担负起，要改善个人，先要改善社会。

　　这两种不同的看法形成中西文化思想的两种不同的类型，中国人侧重个人本位，所以道德的观念特别浓厚，政治法律思想多从伦理思想出发，伦理学与政治学、法律学有一个一贯的条理。西方人侧重社会本位，所以法的观念特别浓厚，伦理思想常为政治法律思想所左右，在大哲学家的系统中，政治、法律、伦理虽亦彼此呼应，而普通伦理学所讲的是一回事，政治学和法律学所讲的又另是一回事，彼此很少关联。

人是社会的动物，他是一个人，也是社会一分子，我们的基本问题有两个：一、离开社会一分子的地位，一个人在人的地位有无道德修养可言呢？二、一个人在社会一分子的地位所表现的道德修养，是否要根据他在人的地位所表现的道德修养呢？中国传统思想对于这两个问题向来予以很肯定的答复。西方思想或是忽略这两个思想，或是根本否认它们有何意义。这两种思想类型各有其环境背景，我们不必武断地加以评价；而且说到类型，都不免普泛粗略，中国人也未尝不偶有从社会本位出发，西方人也未尝不偶有从个人本位出发。不过就大体说，中国人以为一个人须自己先是一个好人，对社会才会是好人，个人好，社会才能好；西方人以为一个人对于社会是好人，才算得是好人，社会好，个人就容易好。他们同以人好与社会好为理想，不过着重点不同，我们可以借用物理学的术语说，中国人的伦理观是"离心的"，由内而外的；西方人的伦理观是"向心的"，由外而内的。

这两种看法也可以说不只是中西的分别，而是新旧的分别。很显然的，在西方偏重社会本位的看法到现代更加彰明较著，中国人近来受西方思想的影响，也逐渐倾向社会本位的看法，这也是自然的趋势。文化愈前进，社会组织愈繁复而严密，社会的势力日渐大，个人的力量也就日渐小，在现代情况之下，以个人转移社会较难，以社会转移个人则甚易。我们的问题是：在现代情况之下，假如一个社会坏到不易收拾的地步，有什么原动力可以收拾它、改善它呢？依中国传统的看法，人存则政举，转移风化必赖贤哲，在一个坏的社会中，如果有少数个人敦品励行，标出一个好榜样，使多数人逐渐受感化，造成一个新风气，然后那个社会自然会变好。依一部分西方学者的看法，社会自身本其固有的力量逐渐转变，它所潜藏的弱点就是它向另一方向转变的萌芽，正反相成，新陈代谢，否极自然泰来，比如封建社会到走不通时，自然会转变到近代国家社会；农业社会到走不通时，自然会转变到工业社会；私产社会走不通时，自然会转变到企业公营社会。每阶段的社会有它的特殊理想和道德观念。照这个看法，社会是能以自力更生的有机体，所谓"自力"就是物质条件，物质条件的大势所趋有如排山倒海，人力（至少是个人的力量）是无可奈之何的。

总之，社会转变不出两种方式，或由自变，或由人变。这两种方式也并不必彼此冲突。我们承认社会本身有一个常趋转变的大势，同时，我们也不能否认少数人的努力也往往可以促成、延滞或移转这个大势。"时势造英雄，英雄亦造时势"，这句老话究竟不错。极端的唯物史观不能使我们满意，就因为它多少是一种定命论，它剥夺了人的意志自由，也就取消了人的道德责任和努力的价值。我们必须承认人力可以改造社会，然后我们遇着环境的困难才不会绝望，而我们的努力也才有意义与价值，我们也才能够说：把这世界安排得较合理想一点，是我们每个人的责任。

我特别提出这个问题来谈，用意是在解答目前一般人所最焦虑的一个问题：中国社会如何可以变好呢？多数青年着眼到社会的黑暗一方面，在这问题前面彷徨、苦闷，以至于绝望。在他们看，这社会积弊太深，积重难返，对于每个人是一种推不翻的重压，纵然有少数人的努力也是独木难支大厦，这种心理是必须彻底消除的。我从前曾写过一段话，现在还觉得不错："社会愈恶愈需要有少数特立独行的人们去转移风气。一个学校里学生纵然十人有九人奢侈，一个俭朴的学生至少可以显出奢侈与俭朴的分别；一个机关的官吏纵然十人有九人贪污，一个清严的官吏至少可以显出贪污与清严的分别。好坏是非都由相形之下见出。一个社会到了腐败的时候，大家都跟旁人向坏处走，没有一个人反抗潮流，势必走到一般人完全失去是非好坏分别的意识，而世间便无所谓羞耻事了。所以全社会都坏时，如果有一个好人存在，他的意义与价值是不可测量的。"世间事有因就必有果，种下善因，迟早必得善果。物理的力不灭，精神的力更不灭，它能够由一人而感发十人百人以至无数人。所谓"风气"就是这样培养成的。

要复兴中国民族，我们必须在青年心理中养成对于个人努力的信任。道理原来很简单，分子不健全，团体绝不会健全，我们的环境日渐其难，不努力绝不能侥幸成功。现在许多人仍妄存侥幸的心理，以为我们在竞存的世界中，纵然没有能力，还可以卖老招牌，充空心大老倌，或是以为我们自己纵然无能，旁人也许会慷慨好施，助我们立国。这种心理最荒唐也最危险。将来我们的生存权必寄托于全民族每个分子的努力，这是确无疑义的天经地义。借自己的努力，艰苦卓绝地奋斗到底，以求征服一切环境困难，达到我们所追求的理想，这是我们所应崇奉的英雄主义。依照这种英雄主义，我们必须尊敬而且维护社会上一切环境困难而能挺身奋斗者，必须鄙弃而且消灭社会上一切侥幸苟安者、夤缘幸进者和颓废因循者。社会像生物一样，寄生虫愈多，也就愈易枯朽。无功受禄者与不才而在高位者都是社会的寄生虫，他们日蛀蚀，夜蛀蚀，终究会将社会蛀蚀成枯壳。关于这一点，我觉得政教当局须特别注意，为着自树声势而多引用或扶助一个无品学的青年，便是多奖励一分苟且侥幸的心理，多打消一分艰苦奋斗的精神。这种办法可危及国家命脉，我们当知警惕。

我个人深切地感觉到中国社会所以腐浊，实由我们人的质料太差,学问、品格、才力,件件都经不起衡量。要把中国社会变好,第一须先把人的质料变好。我并不敢菲薄现代青年,我总觉得现代青年大半仍在鼓里过日子,没有明白自己的责任,更不肯出死力去尽自己的责任,多数人徒以学校为进身干禄之阶,品格固不砥砺,学问也止于浅尝肤受。这种风气必须改变,中国才真正有希望。改变风气是教育的事,但是教育却不仅是学校的事。学问固然应该多给青年们以良好的影响,而学校以外的政教当局与整个社会也应该少给青年们以不良的影响。在过去,学校与社会都显然没有充分地尽他们的责任,应该自惭的地方甚多,彼此都需要严厉的自省与自责。

我近来读了两部基督教会史,心里颇多感触。耶稣和他的十二门徒与早期神父,除着圣保罗以外,大半出身下层社会,没有什么学问。他们处境又非常困难,内受犹太同胞的倾轧,外受罗马政权的凌虐。然而在三四百年间,他们的势力遍于全欧,五六百年间,他们的传教士远达于中国长安,使耶稣教成为世界文化中一个主要的因素,没有一个更好的实例可以使我们明白少数人的努力能造成弥漫一世的风气。可是我们也要记着早期基督教的神父的努力是如何艰苦卓绝!为着传布他们的信仰,他们赴汤蹈火,居隧道,饱猛兽,前仆后起,以牺牲性命为光荣。无论我们是否相信基督教,他们的精神确可令人闻风兴起。

我们不必需要宗教，但必须有宗教家布道的精神。十几个犹太平民居然调动了全世界，难道十几个有为有守的中国人就不能把中国社会改善吗？我们需要救世主，这救世主必定是少数人而不是全社会，而少数人却必有替人类担荷罪孽不惜牺牲身家性命的决心。

五　谈处群（上）——我们不善处群的病征

我们民族性的优点很多，只是不善处群。"一个和尚挑水吃，两个和尚抬水吃，三个和尚没水吃"，这个流行的谚语把我们民族性的弱点表现得最深刻。在私人企业方面，我们的聪明、耐性、刚毅力并不让人，一遇到公众事业，我们便处处暴露自私、孤僻、散漫和推诿责任。这是我们的致命伤，要民族复兴，政治家和教育家首先应锐意改革的就在此点。因为民治就是群治，以不善处群的民族采行民治，必定是有躯壳而无生命，不会成功的。本文拟先分析不善处群的病征，次探病源，然后再求对症下药。

我们不善处群，可于以下数点见出：

一、社会组织力的薄弱。乌合之众不能成群，群必为有机体，其中部分与部分、部分与全体，都必有密切联络，息息相关，牵其一即动其余。社会成为有机体，有时由自然演变，也有时由人力造作。如果纯任自然，一个一盘散沙的民众可以永远保持散漫的状态。要他团结，不能不借人力。用人力来使一个群众团结，便是组织。群众全体同时自动地把自己团结起来，也是一件不易想象的事。大众尽管同时都感觉到组织团体的必要，而使组织团体成为事实，首先须有少数人为首领导，其次须有多数人协力赞助。我们缺乏组织力，分析起来，就不外这两种条件的缺乏。社会上有许多应兴之利与应革之弊，为多数人所迫切地感觉到，可是尽管天天听到表示不满的呼声，却从没有一个人挺身而出，领导同表示不满的人们做建设或破坏的工作。比如公路上有一个缺口，许多人在那里跌过跤、翻过车，虽只需一块石头或一挑土可以填起，而走路行车的人们终不肯费一举手之劳。社会上许多事业不能举办，原因一例如此简单。"是非只因多开口，烦恼皆由强出头"，这是我们的传统的处世哲学。事实也确是如此。尽管是大家共同希望的事，你如果先出头去做，旁人会对你加以种种猜疑、非难和阻碍。你显然顾到大众利益，却没有顾到某一部分人的自私心或自尊心，他们自己不能或不肯做领袖，却也不甘心让你做领袖。因此聪明人"不为物先"，只袖手旁观，说说风凉话，而许多应做的事也就搁起。

二、社会德操的堕落。德原无分公私，是德行就必须影响到社会福利，这里所谓社会德操是指社会组织所赖以维持的德操。社会德操不能枚举，最重要的有三种。第一是公私分明。一个受公众信托的人有他的职权，他的责任在行使公众所赋予的职权，为公众谋利益。他自然也还可以谋私人的特殊利益，可是不能利用公众所赋予的职权。在我国常例，一个人做了官，就可以用公家的职位安插自己的亲戚朋友，拿公家的财产做私人的人情、营私人的生意、填私人的欲壑。这样假公济私、贪污作弊，便是公私不分。此外一个人的私人地位与社会地位应该有分别。比如父亲属政府党，儿子属反对党，在政治上尽管是对立，而在家庭骨肉的分际上仍可父慈子孝。古人大义灭亲，举贤不避亲，同是看清公私界限。现在许多人把私人的恩怨和政治上的是非夹杂不清。是我的朋友我就赞助他在政治上的主张和行动，是我的仇敌我就攻击他在政治上的主张和行动，至于那主张和行动本身为好为坏则漠不置问。我们的政治上许多"人事"的困难都由此而起，这也还是犯公私不分的毛病。第二个重要的社会德操是守法执礼的精神。许多人聚集成为一个团体，就有许多繁复的关系和繁复的活动。繁复就容易凌乱，凌乱就容易冲突。要在繁复之中见出秩序，必定有纪律，使易于凌乱者有条理，易于冲突者各守分相安。无纪律则社会不能存在，无尊重纪律的精神则社会不能维持。所谓纪律就是团体生活的合理的规范，它包含两大因素，一是国家（或其他集团）所制定的法，一是传统习惯所逐渐形成而经验证为适宜的礼。普通所谓"文化"在西文为 civilization，照字源说，就是"公民化"或"群化"。

"群化"其实就是"法化"与"礼化"。一个民族能守法执礼,才能算是"开化的民族",否则尽管他的物质条件如何优厚,仍不脱"未开化"的状态。目前我们大多数人似太缺乏守法执礼的精神。比如到车站买票,依先来后到的次序,事本轻而易举,可是一般买票者踊跃争先,十分钟可了的事往往要弄到几点钟才了;三言两语可了的事往往要弄到摩拳擦掌、头破血流才了,结果仍是不公平;并且十人坐的车要挤上三四十人,不管车子出事不出事。这虽是小事,但是这种不守秩序的精神处处可以看见,许多事之糟,就糟于此。第三个重要的社会德操是勇于表示意见,而且乐于服从多数议决案的精神,这可以说是理想的议会精神。民主政治的精义在每个公民有议政的权利。人愈多,意见就愈分歧。议政制度的长处就在让分歧的意见尽量地表现,然后经过充分的商酌,彼此逐渐接近融洽,产生一个比较合理、比较可使多数人满意的办法。一个理想的公民在有机会参与议论时,应尽量地发表自己的意见,旁人错误时,我应有理由说服他;旁人有理由说服我时,我也承认自己的错误。经过仔细讨论之后,成立了议决案,我无论本来曾否同意,都应竭诚拥护到底。公民如果没有服从多数而打消自己的成见的习惯,民主政治绝不会成功,因为全体公民对于任何要事都有一致意见,是一件不容易的事。我们多数人很缺乏这种政治修养。在开会讨论一件事时,大家都噤若寒蝉,有时虽心不谓然而口却不肯说,到了议决案成立之后,才议论纷纷,埋怨旁人不该那样做，甚至别标一帜，任意捣乱。许多公众事业不易举办，这也是一个重要的原因。

三、社会制裁力的薄弱。任何复杂社会都不免有恶劣分子在内。坏人的破坏力常大于善人的建设力。在一个群众之中，尽管善人多而坏人少，多数善人成之而不足的事往往经少数坏人败之而有余。要加强善人的力量和减少坏人的力量，必须有强厚的社会制裁力。一个社会里不怕有坏人，而怕没有公是公非，让坏人横行无忌。社会制裁力可分三种：第一是道德风纪。每个民族都有他的特殊历史环境所造成的行为理想与规范，成为一种洪炉烈焰，一个人投身其中，不由自主地受它熔化，一个民族的道德风纪就是他的共同目标、共同理想。这共同理想的势力愈坚强，那个民族的团结力就愈紧密，而其中各分子越轨害群的可能性也就愈小。这是最积极最深厚的社会制裁力。第二是法律。每民族对于最普遍的关系和最重要的活动都有明文或习惯规定，某事应该这样做，不应该那样做，是不容人以私意决定的。法有定准，则民知所率从。明知而故犯，法律也有惩处的措置。一般人本大半可与为善，可与为恶，而事实上多数人不敢为恶者，就因为有法律的制裁。中国儒家素来尊德而轻法，其实为一般社会说法，法律是秩序的根据，绝不可少。第三是舆论。舆论就是公是公非。一个人做了好事会受舆论褒扬，做了坏事也免不掉舆论的指摘。人本是社会的动物，要见好于社会是人类天性。羞恶之心和西方人所谓"荣誉意识"是许多德行的出发点,其实仍是起于个人对于社会舆论的顾虑。舆论自然也根据道德与法律,但是它的影响更较广泛,尤其是在近代交通发达、报纸流行的情况之下。在目前我国社会里,这三种社会制裁力却很薄弱。第一,我们当思想剧变之际,青黄不接,旧有道德信条多被动摇,而新的道德信条又还没有树立。行为既没有确定的标准,多数人遂恣意横行。在从前,至少在理论上,道德是人生要义;在现在,道德似成为迂腐的东西,不但行的人少,连谈的人也少。第二,法的精神贵贯彻,有一人破法,或有一事破法,法的威权便降落。我们民族对于法的精神素较缺乏,近来因社会变动繁复,许多事未上轨道,有力者往往挟其力以乱法,狡黠者往往逞其狡黠以玩法,法遂有只为一部分愚弱乡民而设之倾向。我们明知道社会中有许多不合法的事,但是无可如何。第三,舆论的制裁须有两个重要条件。首先人民知识与品格须达到相当的水准,然后所发出的舆论才能真算公是公非。其次政府须给舆论以相当的自由。目前我们人民的程度还没有达到可造成健全舆论的程度。加以舆论本与道德法律有密切关系,道德与法律的制裁力弱,舆论也自然失其凭依。我们的社会中虽不是绝对没有公是公非,而距理想却仍甚远。一个坏人在功利的观点看,往往是成功的人,社会徒惊羡他的成功而抹杀他的坏。"老实"义为"无用","恭谨"看成"迂腐",这是危险现象,看惯了,人也就不觉它奇怪。至于舆论自由问题,目前事实也还远不如理想。舆论本身未健全自然是一个原因,抗战时期的国策也把教导舆论比解放舆论看得更重要。

以上所举三点是我们不善处群的最重要病征。三点自然也彼此相关,而此外相关的病征也还不少。但是如果能够把这三种病征除去,这就是说,如果我们富于社会组织力,具有很优美的社会德操,而同时又有强有力的社会制裁,我相信我们处群的能力一定会加强,而民治的基础也更较稳固。

六

谈处群（中）
——我们不善处群的病因

近代社会心理学家讨论群的成因，大半着重群的分子具有共同性。第一是种族语言的同一，第二则为文化传统，如学术、宗教、政治及社会组织等，没有重要的分歧。有了这些条件，一个群众就会有共同理想、共同情感、共同意志，就容易变为共同行动，如果在这上面再加上英明的领袖与严密的制度，群的基础就很坚固了。拿共同性一个标准来说，我们中华民族似乎没有什么欠缺可指。世界上没有另一个民族在种族语言上比我们更较纯一些，也没有另一个民族比我们有更悠久的一贯的文化传统。然而我们中华民族至今还不能算是一个团结紧密而坚强的群，原因在哪里呢？说起来很复杂。历史环境居一半，教育修养也要居一半。

浅而易见的原因是地广民众。上文列举群的共同性，有一点没有提及，就是共同意识。同属于一群的人必须每个人都意识到自己所属的群确实是一个群，而不是一班乌合之众；并且对于这个群有很明了的认识，和它能产生极亲切的交感共鸣。群的精神贯注到他自己的精神，他自己的精神也就表现群的精神。大我与小我仿佛打成一片，群才坚固结实。所以群的质与量几成反比。群愈大，愈难使它的分子对它有明确的意识，群的力量也就越微；群愈小，愈易使它的分子对它有明确的意识，群的力量也就越强。群的意识在欧洲比较分明，就因为欧洲各国大半地窄民寡。近代欧洲国家的雏形是希腊和罗马的"城邦"。城邦的疆域常仅数十里，人口常常不出数千人，有公众集会，全体国民可以出席，可以参与国家大政，他们常在一起过共同的生活。在这种情形之下，群的意识自然容易发达。我们中国从周秦以后，疆域就很广大，人口就很众多。在全体国民一个大群之下，有依次递降的小群。一般人民对于下层小群的意识也很清楚，只是对于最大群的意识都很模糊。孟子谈他的社会理想说："死徒无出乡，乡田同井，出入相友，守望相助，疾病相扶持。"这是一个很理想的群，但也是一个很小的群，它的存在条件是"死徒无出乡，乡田同井"。一直到现在，我们的乡民还维持着这种原始的群；他们为这种小群的意识所囿，不能放开眼界来认识大群。我们在过去历史上全民族受过几次的威胁而不能用全民族的力量来应付，但是在极大骚动之后，社会基层还很稳定，原因也就在此。可幸者这种情形已在好转中，交通日渐方便，地理的隔阂愈渐减少，而全民族分子中间的接触也就愈渐多。辛亥革命、五四运动和这次的抗战都可以证明我们现在已开始有全民族的意识和全民族的活动。在历史上我们还不曾有过同样的事例。

在地广民众的情形之下，群的组织虽不容易，却也并非绝对不可能。它所以不容易的原因在人民难于聚集在一起做共同的活动，如果有一个共同理想把众多而散处的人民摄引来朝一个目标走，他们仍可成为很有力的群。中世纪欧洲各国割据纷争，政权既不统一，民族与语言又很分歧，论理似不易成群，但是伊斯兰教徒占领耶路撒冷以后，欧洲人为着要恢复耶稣教的圣地，几度如醉如狂地结队东征。十字军虽不算成功，但可证明地广民众不一定可以妨碍群的团结，只要大家有共同理想、共同意志与共同活动。这次签约反抗轴心侵略的二十六个国家站在一条阵线上成为一个群，也就因为这个道理，从这些事例，我们可以看出要使广大的民众团结成群，首先要他们有共同理想，要尽量给他们参加共同活动的机会。共同活动就是广义的政治活动。所以政治愈公开，人民参加政治活动的机会愈多，群的意识愈易发达，而处群的能力也愈加强。因为这个道理，民主国家人民易成群，而专制国家人民则不易成群。我国过去数千年政体一贯专制，国家的事都由在上者一手包办，人民用不着操劳。在上者是治人者，主动者；人民是治于人者，被动者。在承平时，人民坐享其成，"同焉皆得而不知其所以得"；在混乱时，人民有时被迫而成群自卫，亦迹近反抗，为在上者所不容，横加摧残压迫。在我国历史上，无群见盛世太平，有群即为纷争攘乱。在这种情形之下，群的意识不发达，群的德操不健全，都是当然的事。

政体既为专制，而社会的基础又建筑于家庭制度。谋国既无机缘，于是人民都集中精力去谋家。在伦理信条上，我们的先哲固亦提倡先国后家，公尔忘私，于忠孝不能两全时必先忠而后孝；但在事实上，家的观念却比国的观念浓厚。读书人的最高理想是做官，做官的最大目的不在为国家做事，而在扬名声、显父母。一个人做了官，内亲和外戚都跟着飞黄腾达。你细看中国过去的历史，国家政治常是官廷政治，一切纷争扰乱也就从皇亲国戚酿起。至于一般小百姓眼睛里看不见国，自然就只注视着家，拼全力为一家谋福利，家与家有时不免有利害冲突，要造成保卫家的势力，于是同姓成为部落，兄弟尽可阋于墙，而外必御其侮。部落主义是家庭主义的伸张，在中国社会里，小群的活动特别踊跃，而大群非常散漫，意见偶有分歧，倾轧冲突便乘之而起，都是因为部落主义在作祟。就表面看，同乡会、同学会、哥老会之类的组织颇可证明中国人能群，但是就事实看，许多不必有的隔阂和斗争，甚至于许多罪恶的行为，都起于这类小组织。小组织的精神与大群实不相容，因为大群须化除界限，而小组织多立界限；大群必扩然大公，而小组织是结党营私。我们中国人难于成立大群，就误在小组织的精神太强烈。

一般人结党多为营私，所以"孤高自赏"的人对于结党都存着很坏的观感。"狐群狗党"是中国字汇中所特有的成语，很充分表现中国人对于群与党的鄙视。狐狗成群结党，洁身自好者不肯同流合污，甚至以结党为忌。这是一个极不幸的现象。善人既持高超态度，遇事不肯出头，纵出头也无能为力，于是公众事业都落在宵小的手里，愈弄愈糟。成群结党本身并非一件坏事，尤其在近代社会，个人的力量极有限，要做一番有价值的事业，必须有群众的势力。结党的目的在造成群众的势力，我们所当问的不是这种势力应否存在，而是它如何应用。恶人有党，善人没有党就不能抵御他们。这个道理很浅，而我国知识分子常不了解，多少是受了以往道家隐士思想的影响，道家隐士思想起源于周秦社会混乱的时代，是老于世故者逃避世故的一套想法。他们眼见许多建设作为徒滋纷扰，遂怀疑到社会与文化，主张归真返璞，人各独善其身。长沮、桀溺向子路讥诮富于事业心的孔子说："滔滔者天下皆是也，而谁以易之？且尔与其从避人之士也，岂若从避世之士哉？"他们不但要"避人"，还要"避世"。庄子寓言中有许多让天下和高蹈的故事，后来士流受这一类思想的影响很深，往往以"超然物表""遗世独立"相高尚，仿佛以为涉身仕途便玷污清白。齐梁时有一个周颙，少年时隐居一个茅屋里读书学道，预备媲美巢父、务光。后来他改变志向，应征做官，他的朋友孔稚珪便以为这是一个大耻辱，假周颙所居的北山的口吻，做了一篇"移文"和他绝交，骂他"诱我松桂，欺我云壑，虽假容于江皋，乃缨情于好爵"。这件事很可表现中国士流鄙视政治活动的态度。这种心理分析起来，很有些近代心理学家所说的"卑鄙意识"在内。人人都想抬高自己的身份，觉得社会卑鄙，不屑为伍，所以跳出来站在一边，表示自己不与人同。现在许多人鄙视群众与政治活动，骨子里都有"卑鄙意识"在作祟。据近代社会心理学家说，群众的活动多起于模仿。一种情绪或思想能为一般人所接受的必须很简单平凡，否则曲高和寡。所以群众所表现的智慧与德操大半很低，易于成群的人也必须易于接受很低的智慧与德操。我们中华民族似比较富于独立性，不肯轻易随人，而好立异为高。宗教情操淡薄由此，群不易组织也由此。

传统的观念与相沿的习惯错误，而流行教育实未能改正这种错误。我始终坚信苏格拉底的一句老话："知识即德行。"凡是德行缺陷，必定由于知识不彻底。群的组织的最大障碍是自私心。存自私心的人多抱着"各人自扫门前雪，不管他人瓦上霜"的念头，他们以为损群可以利己，或以为轻群可以为重己；其中寡廉鲜耻者玷污责任，假公济私、洁身自好者逃避责任、遗世鸣高。其实社会存在是铁一般的事实，个人靠着社会存在也是铁一般的事实。我们必须接受这些事实，才能生存。社会的福利是集团的福利，个人既为集团一分子，自亦可蒙集团的福利。社会的一切活动最终的目的当然仍在谋各个分子的福利，所以各个分子对于社会的努力最后仍是为自己。有人说："利他主义是彻底的利己主义。"这话实在千真万确。如果全从自己着想而不顾整个社会，像汉奸们为着几个卖身钱做敌人的走狗，实在是短见，没有把算盘打得清楚。他们忘记"皮之不存，毛将焉附"一句话的道理。他们的顽恶由于他们的愚昧，他们的愚昧由于他们所受的教育不够或错误。汉奸如此，一切贪官污吏以及逃避社会责任的人也是如此。"种瓜得瓜，种豆得豆。"掌教育的人们看到社会上许多害群之马，应该有一番严厉的自省！

七 谈处群（下）——处群的训练

极浅显而正当的道理常易被人忽略。一个民族的性格和一个社会的状况大半是由教育和政治形成的。倘若一个民族的性格不健全，或是一个社会的状况不稳定，那唯一的结论就是教育和政治有毛病。这本是老生常谈，但是在现时中国，从事教育者未必肯承认国民风纪到了现有状态是他们的罪过，从事政治者未必肯承认社会秩序到了现有的状态是他们的罪过。大家都觉得事情弄得很糟，可是都把一切罪过推诿到旁人，不肯自省自疚。没有彻底的觉悟，自然也没有彻底的悔改。这是极危险的现象。讳疾忌医，病就会无从挽救。我们需要一番严厉的自我检讨，然后才能有一番勇猛的振作。

先说教育。我们在过去虽然也曾特标群育为教育主旨之一，试问一般学校里群育工作究竟做到如何程度？从前北京大学常有同班同斋舍同学们从入学到毕业，三四年之中朝夕相见而始终不曾交谈过一句话。他们自己认为这是北京大学的校风，引为值得夸耀的一件事。一直到现在，还有许多学校里同学们相视，不但如路人，甚至为仇雠，偶遇些小龃龉，便摩拳擦掌，挥戈动武。受教育者所受的教育如此，何能望其善处群？更何能希望其为社会组织的领导？我们的教育所产生的人才不能担当未来的艰巨责任，此其一端。

我们的根本错误在把教育狭义化到知识贩卖。学校的全部工作几限于上课应付考试。每期课程多至十数种，每周上课钟点多至三四十小时。教员力疲于讲，学生力疲于听，于是做人的道理全不讲求。就退一步谈知识，也只是一味灌输死板材料，把脑筋看成垃圾箱，尽量地装，尽量地挤塞，全不管它能否消化启发。从前人说读书能变化气质，于今人书读得越多，气质越硬顽不化，这种教育只能产出一些以些许知识技能博衣饭碗的人，绝不能培养领导社会的真才。

近来颇有人感觉到这种毛病，提倡导师制，要导师于教书之外指点做人的道理，用意本来很善，但是实施起来也并未见功效。这也并不足怪。换汤必须换药，教育止于传授知识一个错误观念不改正，导师仍然是教书匠。导师制起于英国牛津、剑桥两大学，这两校的教育宗旨是彰明较著的不重读书，而重养成"君子人"。在这两校里教员和学生上课钟点都很少，社交活动却很多，导师和学生有经常接触的可能。导师对于学生在学业和行为两方面同时负有责任，每位导师所负责指导的学生也不过数人。现在我们的学校把学业和操行分作两件事，学业仍取"集体生产"式整天上班，操行则由权限不甚划分、责任不甚专一、叠床架屋式的导师、训导员、生活指导员和军事教官去敷衍公事。这种办法行不通，因为导师制的真精神不存在，导师制的必需条件不存在。

要改良现状，我们必须把教育的着重点由上课读书移到学习做人方面去，许多庞杂的课程须经快刀斩乱麻的手段裁去，学生至少有一半时间过真正的团体生活，做团体的活动。教师也必须把过去的错误的观念和习惯完全改过，认定自己是在"造人"，不只是在"教书"。每个教师对于所负责造的人须当作一件艺术品看待，须求他对自己可以慰怀，对旁人也可以看得过去。每个学生对于教师须当作自己的造化主，与父母生育有同样的恩惠，知道心悦诚服。这样一来，教师与学生就有家人父子的情感，而学校也就有家庭的和乐的空气了。

这一层做到了，第二步便须尽量增加团体合作的活动。团体合作的活动种类甚多，有几个最重要的值得特别提出。

第一是操业合作。现行教育有一个大毛病，就是许多课程的对象都是个人而不是团体。学生们尽管成群结队，实际上各人一心，每人独自上课，独自学习，独自完成学业，无形中养成个人主义的心习。其实学问像其他事业一样，需要分工合作的地方甚多。材料的收集和整理，问题的商讨，实验的配置，遗误的检举，都必须群策群力。学校对于可分工合作的工作应尽量分配给学生们去合作，团体合作训练的效益是无穷的。一个人如果常有团体合作的训练，在学问上可以免偏陋，在性情上也可以免孤僻，他会有很浓厚而愉快的群的意识，他会深切地感觉到：能尽量发挥群的力量，才能尽量发挥个人的力量。

有几种课程特别宜于团体合作。最显著的是音乐。在我们古代教育中，乐是一个极重要的节目。它的感动力最深，它的最大功用在和。在一个团体里，无论分子在地位、年龄、教育上如何复杂，乐声一作，男女尊卑长幼都一齐肃容静听，皆大欢喜，把一切界限分别都化除净尽，彼此蔼然一团和气。爱好音乐的人很少是孤僻的人，所以音乐是群育最好的工具。其次是运动。运动相当于中国古代教育中的射。它不但能强健身体，尤其能培养尊秩序纪律的精神。条顿民族如英美德诸国都特好运动，在运动场上他们培养战斗的技术和政治的风度。他们说一个公正的人有"运动家气派"（sportsmanship）。柏拉图在《理想国》里谈教育，二十岁以前的人就只要音乐和运动两种功课。这两种课程应该在各级学校中普遍设立。近来音乐课程仅限于中小学，运动则各校虽有若无，它们的重要性似还没有为教育家们完全了解。音乐和运动是一个民族的生气的表现，不单是群育的必由之径。除非它们在课程中占重要位置，我们的教育不会有真正的改良。

操业合作之外，第二个重要的处群训练便是团体组织。有健全的团体组织，学生们才有多参加团体活动的机会，才能养成热心公益的习惯。一般学校当局常怕学生有团结,以致滋扰生事,所以对于团体组织与活动常设法阻止,以为这就可以息事宁人,也有些学校在名义上各种团体具备,而实际上没有一个团体是健全的组织。多数学生为错误的教育理想所误,只管埋头死读书,认为参加团体活动是浪费时光,甚至于多惹是非,对一切团体活动遂袖手坐观。于是所谓团体便为少数人所操纵,假借团体名义,做种种并非公意所赞同的活动。政治上许多强奸民意、假公济私的恶习惯就由此养成。学校里学生自治会应该是一种雏形的民主政府,每个分子都应有参议表决的权利,同时也都应有不弃权的责任。凡关于学生全体利益的事应由学生们自己商讨处理,如起居、饮食、清洁卫生、公共秩序、公众娱乐诸项都无须教职员包办。自治会须有它的法律,有它的风纪,有它的社会制裁力。比如说,有一位同学盗用公物、侮谩师友或是考试舞弊,通常的办法是由学校记过惩处,但是理想的办法是由自治会公审公判,学生团体中须有公是公非,而这种公是公非应有奖励或裁制的力量。民主国家所托命的守法精神必须如此养成。

人群接触,意见难免有分歧,利害难免有冲突,如果各执己见,势必至于无路可通。要分歧和冲突化除,必须彼此和平静气地讨论,在种种可能的结论中寻一个最妥善的结论。民主政治可以说就是基于讨论的政治。学问也贵讨论,因为学问的目的在辨别是非真伪,而这种辨别的功夫在个人为思想,在团体为讨论,讨论可以说是集团的思想。一个理想的学校必须充满着欢喜讨论的空气。每种课程都可以用讨论方式去学习,每种实际问题都可以在辩论会中解决。在欧美各著名大学里,师生们大部分功夫都费于学术讨论会与辩论会,在这中间他们成就他们的学业,养成他们的政治习惯。在学校里是一个辩论家,出学校就是一个良好的议员或社会领袖。我们的一般学生以遇事沉默为美德,遇公众集会不肯表示意见,到公众有决定时,又不肯服从。这是一个必须医治的毛病,而医治必从学校教育下手。

处群训练一半靠教育,一半也要靠政治。社会仍是一种学校,政治对于公民仍是一种教育。政治愈修明,公民的处群训练也就愈坚实。政治体制有多种,最合理想的是民主。民主政治实施于小国家,较易收实效,因为全体人民可以直接参与会议表决,像瑞士的全体公决制。国大民众,民主政治即不能不采取代议方式。代议制的弊病在代议人不一定能代表公众意志,易流于寡头政治的变相。要补救这种弊病,必须力求下层政治组织健全,因为一般人民虽不必尽能直接参加国政,至少可以直接参加和他们最接近的下层行政区域的政治。我国最下层的行政区域是保甲,逐层递升为乡为县为区为省。保甲在历史上向来是自治的单位,它的组织向来带有几分民主精神。我们要奠定民主基础,必须从保甲着手。保甲政治办好,逐层递升,乡、县、区、省以至于国的政治,自然会一步一步地跟着好。英国政治是一个很好的先例。英国民主政治的成功不仅在国会健全,尤其在国会之下的区议会与市议会同样健全。市议会已具国会的雏形，公民在市议会所得的政治训练可逐渐推用于区议会和国会。一般人民因小见大，知道国会和市议会是一样，市民与市政府的关系也和国民与国政府的关系一样，知道国政与市政和己身同样有切身的利害，不容漠视，更不容胡乱处理。

健全下层政治组织自然也不是一件容易事。我们一方面须推广教育，提高人民知识和道德的水准，一方面也要彻底革除积弊，使人民逐渐养成良好的政治习惯。所谓良好的政治习惯是指一方面热心参与政治活动，一方面不做腐败的政治活动。我国一般人民正缺乏这两种政治的习惯，他们不是不肯参加政治活动，就是做腐败的政治活动。比如我们的政府近来何尝不感觉到健全下层政治组织的重要？保甲制正在推行，县政正在实验，下级干部人员经常在受训练。但是积重难返，实施距理想仍甚远。根本的毛病在没有抓住民治精神。民治精神在公事公议公决，而现在保甲政治则由少数公务员包办。一般保甲长和联保主任仍是变相的土豪劣绅，敲诈乡愚，比从前专制时代反更烈。一般人民没有参与会议表决的机会，还是处在被统治者的地位。下情无由上达，他们只在含冤叫苦。一件事须得做时，就须做得名副其实，否则滋扰生事，不如不做为妙。县政实施本是为奠定民治基础，如果仍采土豪劣绅包办制，则结果适足破坏民治基础。这件事关系我国民治前途极大，我们的政治家不能不有深切的警戒。

民主政治与包办制如水火不相容。消极地说，废除包办制；积极地说，就是政治公开。这要从最下层做起，奠定稳固的基础，然后逐渐推行到最上层。政治公开有两个要义，一是政权委托于贤能，一是民意须能影响政治。先就第一点说，我国历代抡才，不外由考试与选举。考试是最合于民治精神的一种制度，是我国传统政治的一特色。一个人只要有真才实学，无论出身如何微贱，可以逐级升擢，以至于掌国家大政。因此政权可由平民凭能力去自由竞争，不致为某一特殊阶级所把持乱用。中国过去政权向来在相而不在君，而相大半起家于考试，所以中国传统政体表面上为君主，而实为民主。后来科举专以时文诗赋取士，颇为议者诟病。这只是办法不良，并非考试在原则上有毛病。总理制定建国方略，考试特设专院，实有鉴于考试是中国传统政治中值得发挥光大的一点，用意本至深。但是我们并未能秉承总理遗教，各级公务员大部分未经考试出身，考试中选者也未尽录用，真才埋没，与不才而在高位的情形都不能说没有。这种不公平的待遇不能奖励贫士的努力而徒增长宵小夤缘幸进的恶习，政治上的腐浊多于此种因。要想政得其人，人尽其职，必须彻底革除这种种积弊而尽量推广考试制。至于选举是一般民主国家抡才的常径。选举能否成功，视人民有无政治知识与政治道德。过去我国选举权操纵于各级官吏，名为选举，实为推荐，不像在西方由人民普选。这种办法能否成功，视主其事者能否公允；它的好处在提高选举者的资格，即所以增

山居惟愛靜 日午掩柴門 窈合人多息 無求道自尊 鵷鵬俱有志 蘭艾不同根 安得蒙莊叟 相逢共細論

吳興錢選舜舉畫并題

重选举的责任，提高被选举者的材质。在一般人民未受健全的政治教育以前，我们可以略采从前推荐而加以变通，限制选举者的资格而不必限于官吏，凡是教育健全而信用卓著者都可以联名推选有用人才。选举意在使贤任能，如不公允，由人民贿买或由政府包办，则适足破坏选举的信用与功能，我们必须严禁。民主政治能否成功，就要看选举这个难关能否打破，我们必须有彻底的觉悟。

考试与选举行之得法，一切行政权都由贤能行使，则政治公开的第一要义就算达到。政治公开的第二要义是民意能影响政治。这有两端：第一是议会，第二是舆论。先说议会，民主政治就是议会政治。在西方各国，人民信任议会，议会信任政府；政府对议会负责，议会对人民负责。政府措施不当，议会可以不信任；议会措施不当，人民可以另选。所以政府必须尊重民意，否则立即瓦解。我国从民主政体成立以来，因种种实际困难，正式民意机关至今还未成立。召集国民代表大会，总理遗教本有明文规定，而政府也正在准备促其实现，这还需要全国人民共同努力。最要紧的是要使选举名副其实，不要再有贿买包办的弊病。

我国传统政治本素重舆论。"天视自我民视，天听自我民听"两句话在古代即悬为政治格言。历代言事有专官，平民上诉隐曲，也特有设备，在野清议尤为朝廷所重视。过去君主政体没有很长期地陷于紊乱腐败状态，舆论是一个重要的力量。从前的暴君与现代的独裁政府怕舆论的裁制，常设法加以压迫或控制，结果总是失败。"防民之口，甚于防川"是一点不错的。思想与情感必须有正当的宣泄，愈受阻挠愈一绝不可收拾。近代报章流行，舆论更易传播。言论出版自由问题颇引起种种争论。从历史、政治及群众心理各方面看，言论出版必须有合理的自由。舆论与人民程度密切相关，自然也有不健全的时候，我们所应努力的不在钳制舆论，而在教育舆论。是非自在人心，舆论的错误最好还是用舆论去纠正。

以上所述，陈义甚浅，我们的用意不在唱高调而望能实践。如果政治方面没有上述的改革，群的训练就无从谈起。人民必有群的活动、群的意识，必感觉到群的力量，受群的裁制，然后才能养成良好的处群的道德。这是我们施行民治的大工作中一个基本问题，值得政治家与教育家们仔细思量。

八 谈恻隐之心

罗素在《中国问题》里讨论我们民族的性格,指出三个弱点:贪污、怯懦和残忍。他把残忍放在第一位,所说的话最足令人深省:"中国人的残忍不免打动每一个盎格鲁-撒克逊人。人道的动机使我们尽一分力量来减除其余九十九分力量所做的过恶,这是他们所没有的。……我在中国时,成千成万的人在饥荒中待毙,人们为着几块钱出卖儿女,卖不出就弄死。白种人很尽了些力去赈荒,而中国人自己出的力却很少,连那很少的还是被贪污吞没。……如果一只狗被汽车压倒致重伤,过路人十个就有九个站下来笑那可怜的畜生的哀号。一个普通中国人不会对受苦受难起同情的悲痛,实在他还像觉得它是一个颇愉快的景象。他们的历史和他们的辛亥革命前的刑律可见出他们免不掉故意虐害的冲动。"

我第一次看《中国问题》还在十几年以前，那时看到这段话心里甚不舒服；现在为大学生选英文读品，把这段话再看了一遍，心里仍是甚不舒服。我虽不是狭义的国家主义者，也觉得心里一点民族自尊心遭受打击，尤其使我怀惭的是没有办法来辩驳这段话。我们固然可以反诘罗素说："他们西方人究竟好得几多呢？"可是他似乎预料到这一着，在上一段话终结时，他补充了一句："话须得说清楚，故意虐害的事情各大国都在所难免，只是它到了什么程度被我们的伪善隐瞒起来了。"他言下似有怪我们竟明目张胆地施行虐害的意味。

罗素的这番话引起我的不安，也引起我由中国民族性的弱点想到普遍人性的弱点。残酷的倾向，似乎不是某一民族所特有的，它是像盲肠一样由原始时代遗留下来的劣根性，还没有被文化洗刷净尽。小孩们大半欢喜虐害昆虫和其他小动物，踏死一堆蚂蚁，满不在意。用生人做陪葬者或是祭典中的牺牲，似不仅限于野蛮民族。罗马人让人和兽相斗相杀，西班牙人让牛和牛相斗相杀，作为一种娱乐来看。中世纪审判异教徒所用的酷刑无奇不有。在战争中人们对于屠杀尤其狂热，杀死几百万生灵如同踏死一堆蚂蚁一样平常，报纸上轻描淡写地记一笔，造成这屠杀记录者且热烈地庆祝一场。就在和平时期，报纸上杀人、起火、翻船、离婚之类不幸的消息也给许多观众以极大的快慰。一位西方作家说过："揭开文明人的表皮，在里皮里你会发现野蛮人。"据说大哲学家斯宾诺莎的得意的消遣是捉蚊蝇摆在蛛网上看它们被吞食。近代心理学家研究变态心理所表现的种种奇怪的虐害动机如"萨德主义"（sadism），尤足令人毛骨悚然。这类事实引起一部分哲学家，如中国的荀子和英国的霍布斯，推演出"性恶"一个结论。

有些学者对于幸灾乐祸的心理，不以性恶为最终解释而另求原因。最早的学说是自觉安全说。拉丁诗人卢克莱修说："狂风在起波浪时，站在岸上看别人在苦难中挣扎，是一件愉快的事。"这就是中国成语中的"隔岸观火"。卢克莱修以为使我们愉快的并非看见别人的灾祸，而是庆幸自己的安全。霍布斯的学说也很类似。他以为别人痛苦而自己安全，就足见自己比别人高一层，心中有一种光荣之感。苏格兰派哲学家如贝恩（Bain）之流以为幸灾乐祸的心理基于权力欲。能给苦痛让别人受，就足显出自己的权力。这几种学说都有一个共同点：就是都假定幸灾乐祸时有一种人我比较，比较之后见出我比人安全，比别人高一层，比别人有权力，所以高兴。

这种比较也许是有的，但是比较的结果也可以发生与幸灾乐祸相反的念头。比如我们在岸上看翻船，也可以忘却自己处在较幸运的地位，而假想到自己在船上碰着那些危险的境遇，心中是如何惶恐、焦急、绝望、悲痛。将己心比人心，人的痛苦就变成自己的痛苦。痛苦的程度也许随人而异，而心中总不免有一点不安、一点感动和一点援助的动机。有生之物都有一种同类情感。对于生命都想留恋和维护，凡遇到危害生命的事情都不免恻然感动，无论那生命是否属于自己。生命是整个的有机体，我们每个人是其中一肢一节，这一肢的痛痒引起那一肢的痛痒。这种痛痒相关是极原始的、自然的、普遍的。父母遇着儿女的苦痛，仿佛自身在苦痛。同类相感，不必都如此深切，却都可由此类推。这种同类的痛痒相关就是普通所谓"同情"，孟子所谓"恻隐之心"。孟子所用的比譬极亲切："今人乍见孺子将入于井，皆有怵惕恻隐之心。"他接着推求原因说："非所以内交于孺子之父母也，非所以要誉于乡党朋友也，非恶其声而然也。"他没有指出正面的原因，但是下结论说："由是观之，无恻隐之心非人也。"他的意思是说恻隐之心并非起于自私的动机，人有恻隐之心只因为人是人，它是组成人性的基本要素。

从此可知遇着旁人受苦难时，心中或是发生幸灾乐祸的心理或是发生恻隐之心，全在一念之差。一念向此或一念向彼，都很自然，但在动念的关头，差以毫厘便谬以千里。念头转向幸灾乐祸的一方面去，充类至尽，便欺诈凌虐，屠杀吞并，刀下不留情，睁眼看旁人受苦不伸手援助，甚至落井下石，这样一来，世界便变成冤气弥漫、黑暗无人道的场所；念头转向恻隐一方面去，充类至尽，则四海兄弟，一视同仁，守望相助，疾病相扶持，老有所养，幼有所归，鳏寡孤独者亦可各得其所，这样一来，世界便变成一团和气、其乐融融的场所。野蛮与文化、恶与善、祸与福、生存与死灭的歧路全在这一转念上面，所以这一转念是不能苟且的。

这一转念关系如许重大，而转好转坏又全系在一个刀锋似的关头上，好转与坏转有同样的自然而容易，所以古今中外大思想家和大宗教家，都紧握住这个关头。各派伦理思想尽管在侧轻侧重上有差别，各派宗教尽管在信条仪式上互相悬殊，都着重一个基本德行。孔孟所谓"仁"，释氏所谓"慈悲"，耶稣所谓"爱"，都全从人类固有的一点恻隐之心出发。他们都看出在临到同类受苦受难的关头上，一着走错，全盘皆输，丢开那一点恻隐之心不去培养，一切道德都无基础，人类社会无法维持，而人也就丧失其所以为人的本性。这是人类智慧的一个极平凡而亦极伟大的发现，一切伦理思想，一切宗教，都基于这点发现。这也就是说，恻隐之心是人类文化的泉源。

如果幸灾乐祸的心理起于人我的比较，恻隐之心更是如此，虽然这种比较不必尽浮到意识里面来。儒家所谓"推己及物""举斯心加诸彼""己所不欲，勿施于人"，都是指这种比较。所以"仁"与"恕"是一贯的，不能恕绝不能仁。恕须假定知己知彼，假定对于人性的了解。小孩虐待弱小动物，说他们残酷，不如说他们无知，他们根本没有动物能痛苦的观念。许多成人残酷，也大半由于感觉迟钝、想象平凡、心眼窄所以心肠硬。这固然要归咎于天性薄、风俗习惯的濡染和教育的熏陶也有关系。函人唯恐伤人，矢人唯恐不伤人，职业习惯的影响于此可见。希腊盛行奴隶制度，大哲学家如柏拉图、亚里士多德都不以为非；在战争的狂热中，耶稣教徒祷祝上帝歼灭同奉耶教的敌国，风气的影响于此可见。善人为邦百年，才可以胜残去杀，习惯与风俗既成，要很大的教育力量，才可挽回转来。在近代生活竞争激烈，战争为解决纠纷要径，而道德与宗教的势力日就衰颓的情况之下，恻隐之心被摧残比被培养的机会较多。人们如果不反省痛改，人类前途将日趋于黑暗，这是一个极可危惧的现象。

凡是事实，无论它如何不合理，往往都有一套理论替它辩护。有战争屠杀就有辩护战争屠杀的哲学。恻隐之心本是人道基本，在事实上摧残它的人固然很多，在理论上攻击它的人亦复不少。柏拉图在《理想国》里攻击戏剧，就因为它能引起哀怜的情绪，他以为对人起哀怜，就会对自己起哀怜，对自己起哀怜，就是缺乏丈夫气，容易流于怯懦和感伤。近代德国一派唯我主义的哲学家如斯蒂纳（Sterner）、尼采之流，更明目张胆地主张人应尽量扩张权力欲，专为自己不为旁人，恻隐仁慈只是弱者的德操。弱者应该灭亡，而且我们应促成他们灭亡。尼采痛恨无政府主义者和耶稣教徒，说他们都迷信恻隐仁慈，力求妨碍个人的进展。这种超人主义酿成近代德国的武力主义。在崇拜武力侵略者的心目中，恻隐之心只是妇人之仁，有了它心肠就会软弱，对弱者与不康健者（兼指物质的与精神的）持姑息态度，做不出英雄事业来。哲学上的超人主义在科学上的进化主义又得一个有力的助手。在达尔文一派生物学家看，这世界只是一个生存竞争的战场，优胜劣败，弱肉强食，就是这战场中的公理。这种物竞说充类至尽，自然也就不能容许恻隐之心的存在。因为生存需要斗争，而斗争即须拼到你死我活，能够叫旁人死而自己活着的就是"最适者"。老弱孤寡疲癃残疾以及其他一切灾祸的牺牲者照理应归淘汰。向他们表示同情，援助他们，便是让最不适者生存，违反自然的铁律。

恻隐之心还另有一点引起许多人的怀疑。它的最高度的发展是悲天悯人，对象不仅是某人某物，而是全体有生之伦。生命中苦痛多于快乐，罪恶多于善行，祸多于福，事实常追不上理想。这是事实，而这事实在一般敏感者的心中所生的反响是根本对于人生的悲悯。悲悯理应引起救济的动机，而事实上人力不尽能战胜自然，已成的可悲悯的局面不易一手推翻，于是悲悯者变成悲剧中的主角，于失败之余，往往被逼向两种不甚康健的路上去，一是感伤愤慨，遗世绝俗，如屈原一派人；一是看空一切，徒做未来世界或另一世界的幻梦，如一般厌世出家的和尚。这两种倾向有时自然可以合流。近代许多文学作品可以见出这些倾向。比如哈代（T. Hardy）的小说、豪斯曼（A. E. Housman）的诗，都带着极深的哀怜情绪，同时也带着极浓的悲观色彩。许多人不满意于恻隐之心，也许因为它有时发生这种不康健的影响。

恻隐之心有时使人软弱怯懦，也有时使人悲观厌世。这或许都是事实。但是恻隐之心并没有产生怯懦和悲观的必然性。波斯大帝薛西斯（Xerxes）率百万大军西征希腊，站在桥头望台上看他的军队走过赫勒斯滂海峡，回头向他的叔父说："想到人寿短促，百年之后，这大军之中没有一个人还活着，我心里突然感到一阵怜悯。"但是这一阵怜悯并没有打消他征服希腊的雄图。屠格涅夫在一首散文诗里写一只老麻雀牺牲性命去从猎犬口里救落巢的雏鸟。那首诗里充满着恻隐之心，同时也充满着极大的勇气，令人起雄伟之感。孔子说得好："仁者必有勇。"古今伟大人物的生平大半都能证明真正敢作敢为的人往往是富于同类情感的。菩萨心肠与英雄气骨常有连带关系，最好的例是释迦牟尼。他未尝无人世空虚之感，但不因此打消救济人类世界的热望。"我不入地狱，谁入地狱！"这是何等的悲悯！同时，这是何等的勇气。孔子是另一个好例。他也明知"滔滔者天下皆是"，但是"知其不可为而为之""鸟兽不可与同群，吾非斯人之徒与而谁与？天下有道，丘不与易也"。这是何等的悲悯！同时，这是何等的勇气！世间勇于做淑世企图的人，无论是哲学家、宗教家或社会革命家，都有一片极深挚的悲悯心肠在驱遣他们，时时提起他们的勇气。

现在回到本文开始时所引的罗素的一段话。他说："人道的动机使我们尽一分力量来灭除其余九十九分力量所做的过恶，这是他们（中国人）所没有的。"这话似无可辩驳。但是我以为我们缺乏恻隐之心，倒不仅在遇饥荒不赈济，穷来卖儿女做奴隶，看到颠沛无告的人掩鼻而过之类的事情，而尤在许多人看到整个社会日趋于险境，不肯做一点挽救的企图。教育家们睁着眼睛看青年堕落，政治家们睁着眼睛看社会秩序紊乱，富商大贾睁着眼睛看经济濒危，都满不在意，仍是各谋各的安富尊荣。有心人会问："这是什么心肝？"如果我们回答说："这心肝缺乏恻隐。"也许有人觉得这话离题太远。其实病原全在这上面。成语中有"麻木不仁"的字样，意义极好，麻木与不仁是连带的。许多人对于社会所露的险象都太麻木，我想这是不能否认的。他们麻木，由于他们不仁（用我们的词语来说，缺乏恻隐之心）。麻木不仁，于是一切都受支配于盲目的自私。这毛病如何救济，大是问题。说来易，做来难。一般人把一切性格上的难问题都推到教育，教育是否有这样万能，我很怀疑。在我想，大灾大乱也许可以催促一部分人的猛省，先哲伦理思想的彻底认识，以及佛耶二教的基本精神的吸收，也许可造成一种力量。无论如何，在建国事业中的心理建设项下，培养恻隐之心必定是一个重要的节目。

九 谈羞恶之心

《新约》里《约翰福音》第八章记载这样一段故事：

耶稣在教堂里布教，一大群人围着他听。刑名师和法利赛人带着一个行淫被拘的妇人来，把她放在群众当中，向耶稣说："这妇人是正在行淫时被拿着的。摩西在法律中吩咐过我们，像这样的人应用石头钉死，你说怎样办呢？"耶稣弯下身子来用指画地，好像没有听见。他们继续问，耶稣于是抬起身子来向他们说："你们中间谁是没有罪的，就让谁先拿石头钉她。"说完又弯下身子用指画地。他们听到这话，各人心里都有内疚，一个一个地走出去，从最年老的到最后的，只剩下耶稣，那妇人仍站在当中。耶稣抬起身来向她说："妇人，告你状的人到哪里去了呢？没有人定你的罪吗？"她说："没有人，我主。"耶稣说："我也不定你的罪，去吧，以后不要再犯了。"

这段故事给我以极深的感动，也给我以不小的惶惑。耶稣的宽宥是恻隐之心的最高的表现，高到泯没羞恶之心的程度，这令人对于他的胸怀起伟大崇高之感。同时，我们也难免惶惑不安。如果这种宽宥的精神充类至尽，我们不就要姑息养奸，任世间一切罪孽过恶蔓延，简直不受惩罚或裁制吗？

我们对于世间罪孽、过恶原可以持种种不同的态度。是非善恶本是世间习用的分别，超出世间的看法，我们对于一切可作平等观。正觉烛照，五蕴皆空。瞋恚有碍正觉，有如"清冷云中，霹雳起火"。无论在人在我，消除过恶，都当以正觉净戒，不可起瞋恚。这是佛家的态度。其次，即就世间法而论，是非善恶之类道德观念起于"实用理性批判"。若超出实用的观点，我们可以拿实际人生中一切现象如同图画、戏剧一样去欣赏，不做善恶判断，自不起道德上的爱恶，如尼采所主张的。这是美感的态度。再次，即就世间法的道德观点而论，人生来不能尽善尽美，我们彼此都有弱点，就不免彼此都有过错。这是人类共同的不幸。如果遇到弱点的表现，我们须了解这是人情所难免，加以哀矜与宽恕。"了解一切，就是宽恕一切。"这是耶稣教徒的态度。

这几种态度都各有很崇高的理想，值得我们景仰向往，而且有时值得我们努力追攀。不过在这不完全的世界中，理想永远是理想，我们不能希望一切人得佛家所谓正觉，对一切作平等观，不能而且也不应希望一切人在一切时境都如艺术家对于罪孽、过恶纯取欣赏态度,也不能希望一切人都有耶稣的那样宽恕的态度,而且一切过恶都可受宽恕的感化。我们处在人的立场为人类谋幸福,必希望世间罪孽、过恶减少到可能的最低限度。减少的方法甚多,积极的感化与消极的裁制似都不可少。我们不能人人有佛的正觉,也不能人人有耶稣的无边的爱,但是我们人人都有几分羞恶之心。世间许多法律制度和道德信条都是利用人类同有的羞恶之心作原动力。近代心理学更能证明羞恶之心对于人格形成的重要。基于羞恶之心的道德影响也许是比较下乘的,但同时也是比较实际的、近人情的。

"羞恶之心"一词出于孟子,他以为是"义之端",这就是说,行为适宜或恰到好处,须从羞恶之心出发。朱子分羞恶为两事,以为"羞是羞己之恶,恶是恶人之恶"。其实只要是恶,在己者可羞亦可恶,在人者可恶亦可羞。只拿行为的恶作对象说,羞恶原是一事。不过从心理的差别说,羞恶确可分对己对人两种。就对己说,羞恶之心起于自尊情操。人生来有向上心,无论在学识、才能、道德或社会地位方面,总想达到甚至超过流行于所属社会的最高标准。如果达不到这标准,显得自己比人低下,就自引以为耻。耻便是羞恶之心,西方人所谓荣誉意识(sense of honour)的消极方面。有耻才能向上奋斗。这中间有一个人我比较,一方面自尊情操不容我居人下,一方面社会情操使我顾虑到社会的毁誉。所以知耻同时有自私的和泛爱的两个不同的动机。对于一般人,耻(即羞恶之心)可以说就是道德情操的基础。他们趋善避恶,与其说是出于良心或责任心,不如说是出于羞恶之心,一方面不甘居下流,一方面看重社会的同情。中国先儒认清此点,所以布政施教,特重明耻。管子甚至以耻与礼、义、廉并称为"国之四维"。

人须有所为,有所不为。羞恶之心最初是使人有所不为。孟子在讲羞恶之心时,只说是"义之端",并未举例说明,在另一段文字里他说:"人能充无穿逾之心,而义不可胜用也,人能充无受尔汝之实,无所往而不为义也。"这里他似在举羞恶之心的实例,"无穿窬"(不做贼)和"无受尔汝之实"(不愿被人不恭敬地称呼),都偏于"有所不为"和"胁肩谄笑,病于夏畦""巧言令色足恭,左丘明耻之,丘亦耻之"之类心理相同。但孟子同时又说:"人皆有所不为,达之于其所为,义也。"这就是说,羞恶之心可使人耻为所不应为,扩充起来,也可以使人耻不为所应为。为所应为便是尽责任,所以"知耻近乎勇"。人到了无耻,便无所不为,也便不能有所为。有所不为便可以寡过,但绝对无过实非常人所能。儒家与耶稣都不责人有过,只力劝人改过。知过能改,须有悔悟。悔悟仍是羞恶之心的表现。羞恶未然的过恶是耻,羞恶已然的过恶是悔。耻令人免过,悔令人改过。

孟子说:"不耻不若人,何若人有?"耻使人自尊自重,不自暴自弃。近代阿德勒一派心理学说可以用来说明这个道理。有羞恶之心先必发现自己的欠缺,发现了欠缺,自以为耻(阿德勒所谓"卑劣情意综"),觉得非努力把它降伏下去,显出自己的尊严不可(阿德勒所谓"男性的抗议"),于是设法来弥补欠缺,结果不但欠缺弥补起,而且所达到的成就还比平常更优越。德摩斯梯尼本来口吃,不甘受这欠缺的限制,发愤练习演说,于是成为希腊的最大演说家。贝多芬本有耳病,不甘受这欠缺的限制,发愤练习音乐,于是成为德国的最大音乐家。阿德勒举过许多同样的实例,证明许多历史上的伟大人物在身体资禀或环境方面都有缺陷,这缺陷所生的"卑劣情意综"激起他们的"男性的抗议",于是他们拿出非常的力量,成就非常的事业。中国左丘明因失明而作《国语》,孙子因膑足而作《(孙子)兵法》,司马迁因受官刑而作《史记》,也是很好的例证。阿德勒偏就器官机能方面着眼,其实他的学说可以引申到道德范围。因卑劣意识而起男性抗议,是"知耻近乎勇"的一个很好的解释。诸葛孔明要邀孙权和刘备联合去打曹操,先假劝他向曹操投降,孙权问刘备何以不降,他回答说:"田横齐之壮士耳,犹守义不辱。况刘豫州王室之胄,英才盖世,安能复为之下乎?"孙权听到这话,便勃然宣布他的决心:"吾不能举全吴之地,十万之众,受制于人!"这就是先激动羞耻心,再激动勇气,由卑劣意识引到男性抗议。

孟子讲羞恶之心,似专就对己一方面说。朱子以为它还有对人一方面,想得更较周到。我们对人有羞恶之心,才能疾恶如仇,才肯努力去消除世间罪孽、过恶。孔子大圣人，胸襟本极冲和，但《论语》记载他恶人的表现特别多。冉有不能救季氏僭礼，宰我对鲁哀公说话近逢迎，子路说轻视读书的话，樊迟请学稼圃，孔子对他们所表示的态度都含有羞恶的意味。子贡问他："君子亦有所恶乎？"他回答说："有恶，恶称人之恶者，恶居下流而讪上者，恶勇而无礼者，恶果敢而窒者。"一口气就数上一大串。他尝以"吾未见好仁者恶不仁者"为欢。他最恶的是乡愿（现在所谓伪君子），因为这种人"阉然媚于世""非之无举也，刺之无刺也""居之似忠信，行之似廉洁，众皆悦之，自以为是而不可与入尧舜之道"。他一度为鲁相，第一件要政就是诛少正卯，一个十足的乡愿。我特别提出孔子来说，因为照我们的想象，孔子似不轻于恶人，而他竟恶得如此厉害，这最足以证明凡道德情操深厚的人对于过恶必有极深的厌恶。世间许多人没有对象可五体投地地去钦佩，也没有对象可深入骨髓地去厌恶，只一味周旋随和，这种人表面上像是炉火纯青，实在是不明是非，缺乏正义感。社会上这种人愈多，恶人愈可横行无忌，不平的事件也愈可蔓延无碍，社会的混浊也就愈不易澄清。社会所借以维持的是公平（西方所谓 justice），一般人如果没有羞恶之心，任不公平的事件不受裁制，公平就无法存在。过去社会的游侠，和近代社会的革命者，都是迫于义愤，要"打抱不平"，虽非中行，究不失为狂狷，在社会腐浊的时候，仍是有他们的用处。

个人须有羞恶之心，集团也是如此。田横的五百义士不肯屈服于刘邦，全体从容赴义，历史传为佳话。古人谈兵，说明耻然后可以教战，因为明耻然后知道"所恶有胜于死者"，不会苟且偷生。我们民族这次英勇的抗战是最好的例证，大家牺牲安适、家庭、财产以至于生命，就因为不甘做奴隶的那一点羞恶之心。大抵一个民族当承平的时候，羞恶之心表现于公是公非，人民都能受道德法律的裁制，使社会秩序井然。所谓"化行俗美""有耻且格"。到了混乱的时候，一般人廉耻道丧，全民族的羞恶之心只能借少数优秀分子保存，于是才有"气节"的风尚。东汉太学生郭泰、李膺、陈蕃诸人处外戚宦官专权恣肆之际，独持清议，一再遭钩党之祸而不稍屈服。明末魏阉执权乱国，士大夫多阿谀取容，其无耻之尤者至认阉作父，东林党人独仗义执言，对阉党声罪致讨，至粉身碎骨而不悔。这些党人的行径容或过于褊急，但在恶势力横行之际能不顾一切，挺身维持正气，对于民族精神所留的影响是不可磨灭的。

目前我们民族正遇着空前的大难，国耻一重一重地压来，抗战的英勇将士固可令人起敬，而此外卖国求荣、贪污误国和醉生梦死者还大有人在，原因正在羞恶之心的缺乏。我们应该记着"明耻教战"的古训，极力培养人皆有之的一点羞恶之心。我们须知道做奴隶可耻，自己睁着眼睛往做奴隶的路上走更可耻。罪过如果在自己，应该忏悔；如果在旁人，也应深恶痛绝，设法加以裁制。

十　谈冷静

德国哲学家尼采把人类精神分为两种，一是阿波罗的，一是狄俄尼索斯的。这两个名称起源于希腊神话。阿波罗是日神，是光的来源，世间一切事物得着光才显现形相。希腊人想象阿波罗凭临奥林匹斯高峰，雍容肃穆，转运他的熠熠生辉的巨眼，普照世间一切，妍丑悲欢，同供玩赏，风帆自动而此心不为之动，他永远是一个冷静的旁观者。狄俄尼索斯是酒神，是生命的来源，生命无常幻变，狄俄尼索斯要在生命幻变中忘却生命幻变所生的痛苦，纵饮狂歌，争取刹那间尽量的欢乐，时时随着生命的狂澜流转，如醉如痴，曾不停止一息来反观自然或是玩味事物的形相，他永远是生命剧场中一个热烈的扮演者。尼采以为人类精神原有这两种分别，一静一动，一冷一热，一旁观一表演。艺术是精神的表现，也有这两种分别，例如图画、雕刻等造形艺术是代表阿波罗精神的，音乐、跳舞等非造形艺术是代表狄俄尼索斯精神的。依尼采看，古代希腊人本最富于狄俄尼索斯精神，体验生命的痛苦最深切，所以内心最悲苦，然而没有走上绝望自杀的路，就好在有阿波罗精神来营救，使他们由表演者的地位跳到旁观者的地位，由热烈而冷静，于是人生一切灾祸罪孽便变成庄严灿烂的意象，产生了希腊人的最高艺术——悲剧。

尼采的这番话乍看来未免离奇，实在含有至理。近代心理学区分性格的话和它暗合的很多，我们在这里不必繁引。尼采专就希腊艺术着眼，以为它的长处在以阿波罗精神化狄俄尼索斯精神。希腊艺术的作风在后来被称为"古典的"和"浪漫的"相对立。所谓"古典的"作风特点就在冷静、有节制、有含蓄，全体必须和谐完美；所谓"浪漫的"作风特点就在热烈、自由流露、尽量表现、想象丰富、情感深至，而全体形式则偶不免有瑕疵。从此可知古典主义是偏于阿波罗精神的，浪漫主义是偏于狄俄尼索斯精神的。

"古典的"与"浪漫的"原只适用于文艺，后来常有人借用这两个形容词来谈人的性格，说冷静的、纯正的、情理调和的人是"古典的"；热烈的、好奇特的、偏重情感与幻想的人是"浪漫的"。人禀赋不同，生来各有偏向，教育与环境也常容易使人习染于某一方面，但就大体来说，青年人的性格常偏于"浪漫的"，老年人的性格常偏于"古典的"，一个民族也往往如此。这两种性格各有特长，在理论上我们似难做左右袒。不过我们可以说，无论在艺术或在为人方面，"浪漫的"都多少带着些稚气，而"古典的"则是成熟的境界。如果读者容许我说一点个人的经验，我的青年期已过去了，现在快走完中年的阶段，我曾经热烈地爱好过"浪漫的"文艺与性格，现在已开始逐渐发现"古典的"更可爱。我觉得一个人在任何方面想有真正伟大的成就，"古典的""阿波罗的"冷静都绝不可少。

要明白冷静，先要明白我们通常所以不能冷静的原因。说浅一点，不能冷静是任情感、逞意气、易受欲望的冲动，处处显得粗心浮气；说深一点，不能冷静是整个性格修养上的欠缺，心境不够冲和豁达，头脑不够清醒，风度不够镇定安详。说到性格修养，困难在调和情与理。人是有生气的动物，不能无情感；人为万物之灵，不能无理智。情热而理冷，所以常相冲突。有一部分宗教家和哲学家见到任情纵欲的危险，主张抑情以存理。这未免是剥丧一部分人类天性，可以使人生了无生气，不能算是健康的人生观。中外大哲人如孔子、柏拉图诸人都主张以理智节制情欲，使情欲得其正而能与理智相调和。不过这不是一件易事。孔子自道经验说："七十而从心所欲，不逾矩。"这才算是情理融和的境界，以孔子那样圣哲，到七十岁才能做到，可见其难能可贵。大抵修养入手的功夫在多读书明理，自己时时检点自己，要使理智常是清醒的，不让情感与欲望恣意孤行，久而久之，自然胸襟澄然，矜平躁释，遇事都能保持冷静的态度。

学问是理智的事，所以没有冷静的态度不能做学问。在做学问方面，冷静的态度就是科学的态度。科学（一切求真理的活动都包含在内）的任务在根据事实推求原理，在紊乱中建立秩序，在繁复中寻求条理。要达到这种任务，科学必须尊重所有的事实，无论它是正面的或反面的，不能挟丝毫成见去抹杀事实或是歪曲事实；他根据人力所能发现的事实去推求结论，必须步步虚心谨慎，把所有的可能的解说都加以缜密考虑，仔细权衡得失，然后选定一个比较圆满的解说，留待未来事实的参证。所以科学的态度必须冷静，冷静才能客观、缜密、谨严。尝见学者立说，胸中先有一成见，把反面的事实抹杀，把相反的意见丢开，矜一曲之见为伟大发明，旁人稍加批评，便以怒目相加，横肆詈骂，批评者也以詈骂相报，此来彼去，如泼妇骂街，把原来的论点完全忘却。我们通常说这是动情感，凭意气。一个人愈易动情感，凭意气，在学问上愈难有成就。一个有学问的人必定是"清明在躬，志气如神"，换句话说，必定能冷静。

一般人欢喜拿文艺和科学对比，以为科学重理智而文艺重情感。其实文艺正因为表现情感的缘故，需要理智的控制反比科学更甚。英国诗人华兹华斯曾自道经验说："诗起于沉静中所回味得来的情绪。"人人都能感受情绪，感受情绪而能在沉静中回味，才是文艺家的特殊修养。感受是能入，回味是能出。能入是主观的、热烈的；回味是客观的、冷静的。前者是尼采所谓狄俄尼索斯精神的表现，而后者则是阿波罗精神的表现,许多人以为生糙情感便是文艺材料,怪自己没有能力去表现,其实文艺须在这生糙情感之上加以冷静的回味、思索、安排,才能豁然贯通,见出形式。语言与情思都必经过洗刷炼裁,才能恰到好处。许多人在兴高采烈时完成一个作品,便自矜为绝作,过些时候自己再看一遍,就不免发现许多毛病。罗马批评家贺拉斯劝人在完成作品之后,放下几年才发表,也是有见于文艺创作与修改,须要冷静,过于信任一时热烈兴头是最易误事的。我们在前面已经说过,成熟的"古典的"文艺作品特色就在冷静。近代写实派不满意于浪漫派,原因在也主张文艺要冷静。一个人多在文艺方面下功夫,常容易养成冷静的态度。关于这一点,我在几年前写过一段自白,希望读者容许我引来参证:

> 我应该感谢文艺的地方很多,尤其它教我学会一种观世法。一般人常以为只有科学的训练才可以养成冷静的客观的头脑。……我也学过科学,但是我的冷静的客观的头脑不是从科学而是从文艺得来的。凡是不能持冷静的客观的态度的人,毛病都在把"我"看得太大。他们从"我"这一副着色的望远镜里看世界,一切事物于是都失去它们的本来面目。所谓冷静的客观的态度就是丢开这副望远镜,让"我"跳到圈子以外,不当作世界里有"我"而去看世界,还是把"我"与类似"我"的一切东西同样

看待。这是文艺的观世法，也是我所学得的观世法。

我引这段话，一方面说明文艺的活动是冷静，一方面也趁便引出做人也要冷静的道理。我刚才提到丢开"我"去看世界，我们也应该丢开"我"去看"我"。"我"是一个最可宝贵也是最难对付的东西。一个人不能无"我"，无"我"便是无主见，无人格。一个人也不能执"我"，执"我"便是持成见，逞意气，做学问不易精进，做事业也不易成功。佛家主张"无我相"，老子劝告孔子"去子之骄气与多欲"，都是有见于"执我"的错误。"我"既不能无，又不能执，如何才可以调剂安排，恰到好处呢？这需要知识。我们必须彻底认清"我"，才会妥帖地处理"我"。

"知道你自己"，这句名言为一般哲学家公认为希腊人的最高智慧的结晶。世间事物最不容易知道的是你自己，因为要知道你自己，你必须能丢开"我"去看"我"，而事实上有了"我"就不易丢开"我"，许多人都时时为我见所蒙蔽而不自知，人不易自知，犹如有眼不能自见，有力不能自举。你本是一个凡人，你却容易把自己看成一个英雄；你的某一个念头、某一句话、某一种行为本是错误的，因为是你自己所想的、说的、做的，你的主观成见总使你自信它是对的。执迷不悟是人所常犯的过失。中国儒家要除去这个毛病，提倡"自省"的功夫。"自省"就是自己审问自己，丢开"我"去看"我"。一般人眼睛常是朝外看,自省就是把眼光转向里面看。一般能自省的人才能自知。自省所凭借的是理智,是冷静的客观的科学的头脑。能冷静自省,品格上许多亏缺都可以免除。比如你发愤时,经过一番冷静的自省,你的怒气自然消释;你起了一个不正当的欲念时,经过一番冷静的自省,那个欲念也就冷淡下去;你和人因持异见争执,盛气相凌,你如果能冷静地把所有的论证衡量一下,你自然会发现谁是谁非,如果你自己不对,你须自认错误;如果你自己对,你有理由可以说服人。

从这些例子看,"自省"含有"自制"的功夫在内。一个能自制的人才能自强。能自制便有极大的意志力,有极大的意志力才能认定目标,看清事物条理,征服一切环境的困难,百折不挠以底于成功。古今英雄豪杰有大过人的地方都在有坚强的意志力,而他们的坚强的意志力的表现往往在自制方面。哲学家如苏格拉底,宗教家如耶稣、释迦牟尼,政治家如诸葛亮、谢安、李泌,都是显著的实例。许多人动辄发火生气,或放辟邪侈、横无忌惮,或暴戾刚愎、恣意孤行,这种人看来像是强悍勇猛,实在最软弱,他们做情感的奴隶或是卑劣欲望的奴隶,自己尚且不能控制,怎能控制旁人或控制环境呢?这种人大半缺乏冷静,遇事鲁莽灭裂,终必至于偾事。如果军国大政落在这种人的手里,则国家民族变成野心或私欲的孤注,在一喜一怒之间轻轻被断送。今日的德意志和日本不惜涂炭千百万生灵,置全民族命脉于险境，实由于少数掌政权者缺乏冷静的头脑，聊图逞一时的意气与狂妄的野心，如悬崖纵马，一放而不可收拾。这是最好的殷鉴。人类许多不必要的灾祸罪孽都是这种人惹出来的。如果我们从这些事例上想一想，就可以见出一个人或一个民族在失去冷静的理智的态度时所冒的危险。

一个理想的人须是有德、有学、有才。德与学需要冷静，如上所述，才也不是例外。才是处事的能力。一件事常有许多错综复杂的关系，头脑不冷静的人处之，便如置身五里雾中，觉得需要处理的是一团乱丝，处处是纠纷困难。他不是束手无策，就是考虑不周到，布置不缜密，一个困难未解决，又横生枝节，把事情弄得更糟，冷静的人便能运用科学的眼光，把目前复杂情形全盘一看，看出其中关系条理与轻重要害，在种种可能的办法之中选择一个最合理的，于是一切纠纷困难便如庖丁解牛，迎刃而解。治个人私事如此，治军国大事也是如此，能冷静的人必能谋定后动，动无不成。

一个冷静的人常是立定脚跟，胸有成竹，所以临难遇险，能好整以暇，雍容部署，不致张皇失措。我们中国人对于这种风格向来当作一种美德来欣赏赞叹。孔子在陈过匡、视险若夷，汉高伤胸扪足，史传都传为美谈，后来《世说新语》所载的"雅量"事例尤多，现提举数条来说明本文所谈的冷静：

桓公伏甲设馔，广延朝士，因此欲诛谢安、王坦之。王甚遽，问谢曰："当作何计？"谢神色不变，谓文度曰："晋阼存亡，在此一行。"相与俱前，王之恐状转见于色，谢之宽容愈表于貌，望阶趋席，方作"洛生咏"，讽"浩浩洪流"。桓惮其旷远，乃趣解兵。王谢旧齐名，于此始判优劣。

谢太傅盘桓东山，时与孙兴公诸人泛海戏。风起浪涌，孙王诸人色并遽，便唱使还。太傅神情方王，吟啸不言。舟人以公貌闲意悦，犹去不止。既风转急浪猛，诸人皆喧动不坐。公徐云："如此，将无归。"众人即承响而回，于是审其量，足以镇安朝野。

王子猷、子敬曾俱坐一室，上忽发火。子猷遽走避，不遑取屐；子敬神色恬然，徐唤左右扶凭而出，不异平常。世以此定二王神宇。

这些都是冷静态度的最好实例。这种"雅量"所以难能可贵，因为它是整个人格的表现，需要深厚的修养。有这种雅量的人才能担当大事，因为他豁达、清醒、沉着，不易受困难摇动，在危急中仍可想出办法。

冷静并不如庄子所说的"形如槁木,心如死灰",但是像他所说的游鱼从容自乐。禅家最好做冷静的功夫,他们的胜境却不在坐禅而在禅机。这"机"字最妙。宇宙间许多至理妙谛,寄寓于极平常微细的事物中,往往被粗心浮气的人们忽略过,陈同甫所以有"恨芳菲世界,游人未赏,都付与莺和燕"的嗟叹。冷静的人才能静观,才能发现"万物皆自得"。孔子引《诗经》"鸢飞戾天,鱼跃于渊"二句而加以评释说:"言其上下察也。"这"察"字下得极好,能"察"便能处处发现生机,吸收生机,觉得人生有无穷乐趣。世间人的毛病只是习焉不察,所以生活枯燥,日流于卑鄙污浊。"察"就是"静观",美学家所说的"观照",它的唯一条件是冷静超脱。哲学家和科学家所做的功夫在这"察"字上,诗人和艺术家所做的功夫也还在这"察"字上。尼采所说的日神阿波罗也是时常在"察"。人在冷静时静观默察,处处触机生悟,便是"地行仙"。有这种修养的人才有极丰富的生机和极厚实的力量!

十一 谈学问

这是一个大题目,不易谈;因为许多人对它有很大的误解,却又不能不谈。最大的误解在把学问和读书看成一件事。子弟进学校不说是"求学"而说是"读书",学子向来叫作"读书人",粗通外国文者在应该用"学习"(learn)或"治学"(study)等字时常用"阅读"(read)来代替。这种传统观念的错误影响到我国整个教育的倾向。各级学校大半把教育缩为知识传授,而知识传授的途径就只有读书,教员只是"教书人"。这种错误的观念如果不改正,教育和学问恐怕就没有走上正轨的希望。如果我们稍加思索,它也应该不难改正。学是学习,问是追问。世间可学习可追问的事理甚多,知识技能须学问,品格修养也还须学问;读书人须学问,农工商兵也还须学问,各行有各行的"行径"。学问是任何人对于任何事理,由不知求知、由不能求能的一套功夫。它的范围无限,人生一切活动,宇宙一切现象和真理,莫不包含在内。学问的方法甚多。人从堕地出世,没有一天不在学问。有些学问是由仿效得来的,也有些学问是由尝试、思索、体验和涵养得来的。读书不过是学问的方法之一种,它当然很重要,却并非唯一的。朱子教门徒,一再申说"读书乃学者第二事"。有许多读书人实在并非在做学问,也有许多实在做学问的人并不专靠读书,制造文字——书的要素——是一种绝大学问,而首先制造文字的人就根本无书可读。许多其他学问都可由此类推。子路的"何必读书然后为学"一句话本身并不错,孔子骂他,只是讨厌他说这话的动机在辩护让一个青年学子去做官,也并没有说它本身错。

一般人常埋怨现在青年对于学问没有浓厚的兴趣。就个人任教的经验说,我也有这样的观感。平心而论,这大半要归咎我们"教书人"。把学问看成"教书""读书"一个错误的观念如果不全是我们养成的,至少我们未曾设法纠正。而且我们自己又没有好生学问,给青年学子树一个好榜样,可以激励他们的志气,提起他们的兴趣。此外,社会上一般人对于学问的性质和功用所存的误解也不无关系。近代西方学者常把纯理的学问和应用的学问分开,以为治应用的学问是有所为而为,治纯理的学问是无所为而为。他们怕学问全落到应用一条窄路上,尝设法替无所为而为的学问辩护,说它虽"无用",却可满足人类的求知欲。这种用心很可佩服,而措辞却不甚正确。学问起于生活的需要,世间绝没有一种学问无用,不过"用"的意义有广狭之别。学得一种学问,就可以有一种技能,拿它来应用于实际事业,如学得数学几何三角就可以去算账、测量、建筑、制造机械,这是最正常的"用"字的狭义。学得一点知识技能,就混得一种资格,可以谋一个职业,解决饭碗问题,这是功利主义的"用"字的狭义。但是学问的功用并不仅如此,我们甚至可以说,学问的最大功用并不在此。心理学者研究智力,有普通智力与特殊智力的分别;古人和今人品题人物,都有通才与专才的分别。学问的功用也可以说有"通"有"专"。治数学即应用于计算数量,这是学问的专用;治数学而变成一个思想缜密、性格和谐、善于立身处世的人,这是学问的通用。学问在实际上确有这种通用。就智慧说,学问是训练思想的工具。一个真正有学问的人必定知识丰富、思想锐敏、洞达事理,处任何环境,知道把握纲要、分析条理、解决困难。就性格说,学问是道德修养的途径。苏格拉底说得好,"知识即德行"。世间许多罪恶都起于愚昧,如果真正彻底明了一件事是好的,另一件事是坏的,一个人绝不会睁着眼睛向坏的方面走。中国儒家讲学问,素来全重立身行己的功夫,一个学者应该是一个圣贤,不仅如现在所谓"知识分子"。

现在所谓"知识分子"的毛病在只看到学的狭义的"用",尤其是功利主义的"用"。学问只是一种干禄的工具。我曾听到一位教授在编成一部讲义之后,心满意足地说:"一生吃着不尽了!"我又曾听到一位朋友劝导他的亲戚不让刚在中学毕业的儿子去就小事说："你这种办法简直是吃稻种！"许多升学的青年实在只为着要让稻种发生成大量谷子，预备"吃着不尽"。所以大学里"出路"最广的学系如经济系、机械系之类常是拥挤不堪，而哲学系、数学系、生物学系诸"冷门"就简直无人问津。治学问根本不是为学问本身，而是为着它的出路销场，在治学问时既是"醉翁之意不在酒"，得到出路销场后当然更是"得鱼忘筌"了。在这种情形之下我们如何能期望青年学生对于学问有浓厚的兴趣呢？

这种对于学问功用的窄狭而错误的观念必须及早纠正。生活对于有生之伦是唯一的要务，学问是为生活。这两点本是天经地义。不过现代中国人的错误在把"生活"只看成口腹之养。"谋生活"与"谋衣食"在流行语中是同一意义。这实在是错误得可怜可笑。人有肉体，有心灵。肉体有它的生活，心灵也应有它的生活。肉体需要营养，心灵也不能"辟谷"。肉体缺乏营养，必酿成饥饿病死；心灵缺乏营养，自然也要干枯腐化。人为万物之灵，就在他有心灵或精神生活。所以测量人的成就并不在他能否谋温饱，而在他有无丰富的精神生活。一个人到了只顾衣食饱暖而对于真善美漫不感觉兴趣时，他就只能算是一种"行尸走肉"；一个民族到了只顾体肤需要而不珍视精神生活的价值时，它也就必定逐渐没落了。

学问是精神的食粮，它使我们的精神生活更加丰富。肚皮装得饱

元 盛懋 三峽瞿塘

饱的,是一件乐事;心灵装得饱饱的,是一件更大的乐事。一个人在学问上如果有浓厚的兴趣,精深的造诣,他会发现万事万物各有一个妙理在内,他会发现自己的心涵蕴万象,澄明通达,时时有寄托,时时在生展,这种人的生活绝不会干枯,他也绝不会做出卑污下贱的事。《论语》记"颜子在陋巷,一箪食,一瓢饮,人不堪其忧,回也不改其乐"。孔子赞他"贤",并不仅因为他能安贫,尤其因为他能乐道,换句话说,他有极丰富的精神生活。宋儒教人体会颜子所乐何在,也恰抓着紧要处,我们现在的人不但不能了解这种体会的重要,而且把它看成道学家的迂腐。这在民族文化上是一个极严重的病象,必须趁早设法医治。

中国语中"学"与"问"连在一起说,意义至为深妙,比西文中相当的译词如 learning、study、science 诸字都好得多。人生来有向上心,有求知欲,对于不知道的事物欢喜发疑问。对于一种事物发生疑问,就是对于它感兴趣。既有疑问,就想法解决它,几经摸索,终于得到一个答案,于是不知道的变为知道的,所谓"一旦豁然贯通",这便是学有心得。学原来离不开问,不会起疑问就不会有学。许多人对于一种学问不感觉兴趣,原因就在那种学问对于他们不成问题,没有什么逼得他们要求知道。但是学问的好处正在原来有问题的可以变成没有问题,原来没有问题的也可以变成有问题。前者是未知变成已知,后者是发现貌似已知究竟仍为未知。比如说逻辑学,一个中学生学过一年半载,看过一部普通教科书,觉得命题、推理、归纳、演绎之类都讲得妥妥帖帖,了无疑义。可是他如果进一步在逻辑学上面下一点研究功夫,便会发现他从前认为透懂的几乎没有一件不成为问题,没有一件不曾经许多学者辩论过。他如果再更进一步去讨探,他会自己发现许多有趣的问题,并且觉悟到他自己一辈子也不一定能把这些问题都解决得妥妥帖帖。逻辑学是一科比较不幼稚的学问,犹且如此,其他学问更可由此类推了。一个人对于一种学问如果肯钻进里面去,必须使有问题的变为没有问题(这便是问),疑问无穷,发现无穷,兴趣也就无穷。学问之难在此,学问之乐也就在此。一个人对于一种学问说是不感兴趣,那只能证明他不用心,不努力下功夫,没有钻进里面去。世间绝没有自身无兴趣的学问,人感觉不到兴趣,只由于人的愚昧或懒惰。

学与问相连,所以学问不只是记忆而必是思想,不只是因袭而必是创造。凡是思想都是由已知推未知,创造都是旧材料的新综合,所以思想究竟须从记忆出发,创造究竟须从因袭出发。由记忆生思想,由因袭生创造,犹如吸收食物加以消化之后变为生命的动力。食而不化固然是无用,不食而求化也还是求无中生有。向来论学问的话没有比孔子的"学而不思则罔,思而不学则殆"两句更为精深透辟。学原有"效"义,研究儿童心理学者都知道学习大半基于因袭或模仿。这里所谓"学"是偏重吸收前人已有的知识和经验。思是自己运用脑筋，一方面求所学得的能融会贯通、井然有条，一方面由疑难启发新知识与新经验。一般学子有两种通弊。一种是聪明人所尝犯着的，他们过于相信自己的思考力而忽略前人的成就。其实每种学问都有长久的历史，其中每一个问题都曾经许多人思虑过、讨论过、提出过种种不同的解答，你必须明白这些经过，才可以利用前人的收获，免得绕弯子甚至于走错路。比如说生物学上的遗传问题，从前雷马克、达尔文、魏意斯曼、孟德尔诸大家已经做过许多实验，得到许多观察，用过许多思考。假如你对于他们的工作茫无所知或是一笔抹杀，只凭你自己的聪明才力来解决遗传问题，这岂不是狂妄？世间这种"思而不学"的人正甚多，他们不知道这种凭空构造的"殆"。另外一种通弊是资质较钝而肯用功的人所常犯的。他们一味读死书，古人所说的无论正确不正确，都不分皂白地接受过来，吟咏赞叹，自己毫不用思考求融会贯通，更没有一点冒险的精神，自己去求新发现，这是学而不思，孔子对于这种办法所下的评语是"罔"，意思就是说无用。

学问全是自家的事。环境好、图书设备充足、有良师益友指导启发，当然有很大的帮助。但是这些条件具备不一定能保障一个人在学问上有成就，世间也有些在学问上有成就的人并不具这些条件。最重要的因素是个人自己的努力。学问是一件艰苦的事，许多人不能忍耐它所必经的艰苦。努力之外，第二个重要的因素是认清方向与门径。入手如果走错了路，愈努力则入迷愈深，离题愈远。比如学写字、诗文或图画，一走上庸俗恶劣的路，后来如果想把它丢开，比收覆水还更困难，习惯的力量比什么都较沉重，世上有许多人像在努力做学问，只是陷入"野狐禅"，高自期许而实荒谬绝伦，这个毛病只有良师益友可以挽救。学校教育，在我想，只有两个重要的功用：第一是启发兴趣，其次就是指点门径。现在一般学校不在这两方面努力，只尽量灌输死板的知识。这种教育对于学问不仅无裨益而且是障碍！

十二 谈读书

十几年前我曾经写过一篇短文谈读书,这问题实在是谈不尽,而且这些年来我的见解也有些变迁,现在再就这问题谈一回,趁便把上次谈学问有未尽的话略加补充。

学问不只是读书,而读书究竟是学问的一个重要途径。因为学问不仅是个人的事而是全人类的事,每科学问到了现在的阶段,是全人类分途努力日积月累所得到的成就,而这成就还没有淹没,就全靠有书籍记载流传下来。书籍是过去人类的精神遗产的宝库,也可以说是人类文化学术前进轨迹上的记程碑。我们就现阶段的文化学术求前进,必定根据过去人类已得的成就做出发点。如果抹杀过去人类已得的成就,我们说不定要把出发点移回到几百年前甚至几千年前,纵然能前进,也还是开倒车落伍。读书是要清算过去人类成就的总账,把几千年的人类思想经验在短促的几十年内重温一遍，把过去无数亿万人辛苦获来的知识教训集中到读者一个人身上去受用。有了这种准备，一个人总能在学问途程上做万里长征，去发现新的世界。

历史愈前进，人类的精神遗产愈丰富，书籍愈浩繁，而读书也就愈不易。书籍固然可贵，却也是一种累赘，可以变成研究学问的障碍。它至少有两大流弊。第一，书多易使读者不专精。我国古代学者因书籍难得，皓首穷年才能治一经，书虽读得少，读一部却就是一部，口诵心惟，咀嚼得烂熟，透入身心，变成一种精神的原动力，一生受用不尽。现在书籍易得，一个青年学者就可夸口曾过目万卷，"过目"的虽多，"留心"的却少，譬如饮食，不消化的东西积得愈多，愈易酿成肠胃病，许多浮浅虚骄的习气都由耳食肤受所养成。第二，书多易使读者迷方向。任何一种学问的书籍现在都可装满一图书馆，其中真正绝对不可不读的基本著作往往不过数十部甚至于数部。许多初学者贪多而不务得，在无足轻重的书籍上浪费时间与精力，就不免把基本要籍耽搁了。比如学哲学者尽管看过无数种的哲学史和哲学概论，却没有看过一种柏拉图的《对话集》，学经济学者尽管读过无数种的教科书，却没有看过亚当·斯密的《原富》。做学问如作战，须攻坚挫锐，占住要塞。目标太多了，掩埋了坚锐所在，只东打一拳，西踏一脚，就成了"消耗战"。

读书并不在多，最重要的是选得精，读得彻底。与其读十部无关轻重的书，不如以读十部书的时间和精力去读一部真正值得读的书；与其十部书都只能泛览一遍，不如取一部书精读十遍。"好书不厌百回读，熟读深思子自知"，这两句诗值得每个读书人悬为座右铭。读书原为自己受用，多读不能算是荣誉，少读也不能算是羞耻。少读如果彻底，必能养成深思熟虑的习惯，涵泳优游，以至于变化气质；多读而不求甚解，则如驰骋十里洋场，虽珍奇满目，徒惹得心花意乱，空手而归。世间许多人读书只为装点门面，如暴发户炫耀家私，以多为贵。这在治学方面是自欺欺人，在做人方面是趣味低劣。

读的书当分种类，一种是为获得现世界公民所必需的常识，一种是为做专门学问。为获常识起见，目前一般中学和大学初年级的课程，如果认真学习，也就很够用。所谓认真学习，熟读讲义课本并不济事，每科必须精选要籍三五种来仔细玩索一番。常识课程总共不过十数种，每种选读要籍三五种，总计应读的书也不过五十部左右。这不能算是过奢的要求。一般读书人所读过的书大半不止此数，他们不能得实益，是因为他们没有选择，而阅读时又只潦草滑过。

常识不但是现世界公民所必需，就是专门学者也不能缺少它。近代科学分野严密，治一科学问者多故步自封，以专门为借口，对其他相关学问毫不过问。这对于分工研究或许是必要，而对于淹通深造却是牺牲。宇宙本为有机体，其中事理彼此息息相关，牵其一即动其余，所以研究事理的种种学问在表面上虽可分别，在实际上却不能割裂。世间绝没有一门孤立绝缘的学问。比如政治学须牵涉历史、经济、法律、哲学、心理学以至于外交、军事等,如果一个人对于这些相关学问未曾问津,入手就要专门习政治学,愈前进必愈感困难,如老鼠钻牛角,愈钻愈窄,寻不着出路。其他学问也大抵如此,不能通就不能专,不能博就不能约。先博学而后守约,这是治任何学问所必守的程序。我们只看学术史,凡是在某一科学问上有大成就的人,都必定于许多他科学问有深广的基础。目前我国一般青年学子动辄喜言专门,以至于许多专门学者对于极基本的学科毫无常识,这种风气也许是在国外大学做博士论文的先生们所酿成的。它影响到我们的大学课程,许多学系所设的科目"专"到不近情理,在外国大学研究院里也不一定有。这好像逼吃奶的小孩去嚼肉骨,岂不是误人子弟?

有些人读书,全凭自己的兴趣。今天遇到一部有趣的书就把预拟做的事丢开,用全部精力去读它;明天遇到另一部有趣的书,仍是如此办,虽然这两书在性质上毫不相关。一年之中可以时而习天文,时而研究蜜蜂,时而读莎士比亚。在旁人认为重要而自己不感兴味的书都一概置之不理。这种读法有如打游击,亦如蜜蜂采蜜。它的好处在使读书成为乐事,对于一时兴到的著作可以深入,久而久之,可以养成一种不平凡的思路与胸襟。它的坏处在使读者泛滥而无所归宿,缺乏专门研究所必需的"经院式"的系统训练,产生畸形的发展,对于某一方面知识过于重视,对于另一方面知识可以很蒙昧。我的朋友中有专门读冷僻书籍，对于正经正史从未过问的，他在文学上虽有造就，但不能算是专门学者。如果一个人有时间与精力允许他过享乐主义的生活，不把读书当作工作而只当作消遣，这种蜜蜂采蜜式的读书法原亦未尝不可采用。但是一个人如果抱有成就一种学问的志愿，他就不能不有预定计划与系统。对于他，读书不仅是追求兴趣，尤其是一种训练，一种准备。有些有趣的书他须得牺牲，也有些初看很干燥的书他必须咬定牙关去硬啃，啃久了他自然还可以啃出滋味来。

读书必须有一个中心去维持兴趣，或是科目，或是问题。以科目为中心时，就要精选那一科要籍，一部一部地从头读到尾，以求对于该科得到一个概括的了解，做进一步高深研究的准备。读文学作品以作家为中心，读史学作品以时代为中心，也属于这一类。以问题为中心时，心中先须有一个待研究的问题，然后采关于这问题的书籍去读，用意在搜集材料和诸家对于这问题的意见，以供自己权衡取舍，推求结论。重要的书仍须全看，其余的这里看一章，那里看一节，得到所要搜集的材料就可以丢手。这是一般做研究工作者所常用的方法，对于初学不相宜。不过初学者以科目为中心时，仍可约略采取以问题为中心的微意。一书做几遍看，每一遍只着重某一方面。苏东坡与王郎书曾谈到这个方法：

少年为学者，每一书皆作数次读之。当如入海百货皆有，人之精力不能并收尽取，但得其所欲求者耳。故愿学者每一次作一意求之，如欲求古今兴亡治乱圣贤作用，且只作此意求之，勿生余念；又别作一次求事迹文物之类，亦如之。他皆仿此。若学成，八面受敌，与慕涉猎者不可同日而语。

朱子尝劝他的门人采用这个方法。它是精读的一个要诀，可以养成仔细分析的习惯。举看小说为例，第一次但求故事结构，第二次但注意人物描写，第三次但求人物与故事的穿插，以至于对话、辞藻、社会背景、人生态度等都可如此逐次研求。

读书要有中心，有中心才易有系统组织。比如看史书，假定注意的中心是教育与政治的关系，则全书中所有关于这问题的史实都被这中心联系起来，自成一个系统。以后读其他书籍如经子专集之类，自然也常遇着关于政教关系的事实与理论，它们也自然归到从前看史书时所形成的那个系统了。一个人心里可以同时有许多系统中心，如一部字典有许多"部首"，每得一条新知识，就会依物以类聚的原则，汇归到它的性质相近的系统里去，就如拈新字贴进字典里去，是人旁的字都归到人部，是水旁的字都归到水部。大凡零星片段的知识，不但易忘，而且无用。每次所得的新知识必须与旧有的知识联络贯串，这就是说，必须围绕一个中心归聚到一个系统里去，才会生根，才会开花结果。

记忆力有它的限度，要把读过的书所形成的知识系统，原本枝叶都放在脑里储藏起，在事实上往往不可能。如果不能储藏，过目即忘，则读亦等于不读。我们必须于脑以外另辟储藏室，把脑所储藏不尽的都移到那里去。这种储藏室在从前是笔记，在现代是卡片。记笔记和做卡片有如植物学家采集标本，须分门别类订成目录，采得一件就归入某一门某一类，时间过久了，采集的东西虽极多，却各有班位，条理井然。这是一个极合乎科学的办法，它不但可以节省脑力，储有用的材料，供将来的需要，还可以增强思想的条理化与系统化。预备做研究工作的人对于记笔记做卡片的训练，宜于早下功夫。

十三 谈英雄崇拜

关于英雄崇拜有两种相反的看法,依一种看法,英雄造时势,人类文化各方面的发端与进展都靠着少数伟大人物去倡导推动,多数人只在随从附和。一个民族有无伟大成就,要看它有无伟大人物,也要看它中间多数民众对于伟大人物能否倾倒敬慕,闻风兴起。卡莱尔在他的名著《英雄崇拜》里大致持这种看法。"世界历史,"他说,"人类在这世界上所成就的事业的历史,骨子里就是在其中工作的几个伟大人物的历史。""英雄崇拜就是对于伟大人物的极高度的爱慕。在人类胸中没有一种情操比这对于高于自己者的爱慕更为高贵。"尼采的超人主义其实也是一种英雄崇拜主义涂上了一层哲学的色彩。但依另一种看法,时势造英雄,历史的原动力是多数民众,民众的努力造成每时代政教文化各方面的"大势所趋",而所谓英雄不过顺承这"大势所趋"而加以尖锐化,并没有什么神奇。这是托尔斯泰在《战争与和平》里所提出的主张。他说:"英雄只是贴在历史上的标签,他们的姓名只是历史事件的款识。"有些人根据这个主张而推论到英雄不必受崇拜。从史实看,自从古雅典城时代的群众领袖(demagogue)一直到现代极权国家的独裁者,有不少的事例可证明盲目的英雄崇拜往往酿成极大的灾祸。有些人根据这些事例而推论到英雄崇拜的危险。此外也还有些人以为崇拜英雄势必流于发展奴性,阻碍独立自由的企图,造成政治上的独裁与学术思想上的正统专制,与德谟克拉西精神根本不相容。

就大体说,反对英雄崇拜的理论在现代颇占优胜,因为它很合一批不很英雄的人们的口味。不过在事实上,英雄崇拜到现在还很普遍而且深固,无论带哪一种色彩的人心中都免不掉有几分。托尔斯泰不很看重英雄,而他自己却被许多人当作英雄去崇拜。这是一个很有趣而也很有意义的人生讽刺。社会靠着传统和反抗两种相反的势力演进。无论你站在哪一方壁垒,双方都各有它的理想的斗士,它的英雄;维拥传统者如此,反抗者也是如此。从有人类社会到现在,每时代每社会都有它的英雄,而英雄也都被人崇拜,这是铁一般的事实,没有人能否认的。我们在这里用不着替一个与历史俱久的事实辩护,我们只需研究它的含义和在人生社会上的可能的功用。

什么叫作"英雄"。牛津字典所给 hero 的字义大要有四:第一是"具有超人的本领，为神灵所默佑者"；第二是"声名煊赫的战士，曾为国征战者"；第三是"其成就及高贵性格为人所景仰者"；第四是"诗和戏剧中的主角"。这四个意义显然是互相关联的。凡是英雄必定是非常人，得天独厚，能人之所难能，在艰危时代能为国家杀敌御侮，在承平时代他的事业和品学也能为民族的楷模，在任何重大事件中，他必是倡导推动者，如戏剧中的主角。他的名称有时不很一致，"圣贤""豪杰""至人"，所指的都大致相同。

一谈到英雄，大概没有不明了他是什么一种人；可是追问到究竟哪一个人才算是英雄，意见却很难一致。小孩子们看惯侠义小说，心目中的英雄是在峨眉山修炼得道的拳师剑侠，江湖帮客所知道的英雄是《水浒传》里所形容的梁山泊一群好汉和他们帮里的"柁把子"。读书人言必讲周孔，弄武艺的人拜关羽、岳飞。古代和近代，中国和西方，所持的英雄标准也不完全一致。仔细研究起来，每种社会，每个阶级，甚至于每个人都各有各的英雄。所以这个意义似很明显的名称所指的究为何种人实在很难确定。

这也并不足为奇。英雄本是一种理想人物。一群人或一个人所崇拜的英雄其实就是他们的或他的人生理想的结晶。人生理想如忠、孝、节、义、智、仁、勇之类都是抽象概念，颇难捉摸，而人类心理习性常倾向于依附可捉摸的具体事例。英雄就是抽象的人生理想所实现的具体事例，他是一幅天然图画，大家都可以指着他向自己说：

"像那样的人才是我们所应羡慕而仿效的！"说到英勇，一般人印象也许很模糊，但是一般人都知道崇拜秦皇汉武，或是亚力山大和拿破仑。人人尽管知道忠义为美德，但是要一般人为忠义所感动，千言万语也抵不上一篇岳飞或文天祥的叙传。每个人，每个社会，都有他的特殊的人生理想；很显然的，也就有他的特殊英雄。哲学家的英雄是孔子和苏格拉底，宗教家的英雄是释迦牟尼和耶稣，侵略者的英雄是拿破仑，而资本家的英雄则为煤油大王和钢铁大王。行行出状元，就是行行有英雄。

人们所崇拜的英雄尽管不同，而崇拜的心理则无二致。这心理分析起来也很复杂。每个英雄必有确足令人钦佩之点，经得起理智衡量，不仅能引起盲目的崇拜。但是"崇拜"是宗教上的术语，既云崇拜，就不免带有几分宗教的迷信，就不免有几分盲目。英雄尽管有不足崇拜处，可是我们既然崇拜他，就只看得见他的长处，看不见他的短处。"爱而知其恶"就不是崇拜，崇拜是无限制的敬慕，有时甚至失去理性。西谚说："没有人是他的仆从的英雄。"因为亲信的仆从对主人看得太清楚。古代帝王要"深居简出"，实有一套秘诀在里面。在崇拜的心理中，情感的成分远过于理智的成分。英雄崇拜的缺点在此，因为它免不掉几分盲目的迷信；但是优点也正在此，因为它是敬贤向上心的表现。敬贤向上是人类心灵中最可宝贵的一点光焰，个人能上进，社会能改良，文化能进展，都全靠有它在烛照。英雄常在我们心中煽燃这一点光焰，常提醒我们人性尊严的意识，将我们提升到高贵境界。崇拜英雄就是崇拜他所特有的道德价值。世间只有几种人不能崇拜英雄：一是愚昧者，根本不能辨别好坏；一是骄矜妒忌者，自私的野心蒙蔽了一切，不愿看旁人比自己高一层；一是所谓"犬儒"（cynics），轻世玩物，视一切无足道；最后就是丧尽天良者，毫无人性，自然也就没有人性中最高贵的虔敬心。这几种人以外，任何人都多少可以崇拜英雄，一个人能崇拜英雄，他多少还有上进的希望，因为他还有道德方面的价值意识。

崇拜英雄的情操是道德的，同时也是超道德的。所谓"超道德的"，就是美感的。太史公在《孔子世家》赞里说："高山仰止，景行行止，虽不能至，然心向往之。"这几句话写英雄崇拜的情绪最为精当。对着伟大人物，有如对着高山大海，使人起美学家所说的"崇高雄伟之感"（sense of the sublime）。依美学家的分析，起崇高雄伟感觉时，我们突然间发现对象无限伟大，无形中自觉此身渺小，不免肃然起敬，栗然生畏，惊奇赞叹，有如发呆；但惊心动魄之余，就继以心领神会，物我同一而生命起交流，我们于不知不觉中吸收融会那一种伟大的气魄，而自己也振作奋发起来，仿佛在模仿它，努力提升到同样伟大的境界。对高山大海如此，对暴风暴雨如此，对伟大英雄也如此。崇拜英雄是好善也是审美。在人生胜境，善与美常合而为一，此其一例。

这种所描写的自然只是极境，在实际上英雄崇拜有深有浅，不一定都达到这种极境。但无论深浅，它的影响都大体是好的。社会的形成与维系都不外借宗教、政治、教育、学术几种"文化"的势力。宗教起于英雄崇拜，卡莱尔已经详论过。世界中最宗教的民族要算希伯来人，读《旧约》的人们大概都明了希伯来也是一个最崇拜英雄的民族。政治的灵魂在秩序组织，而秩序组织的建立与维持必赖有领袖。一个政治团体里有领袖能号召，能得人心悦诚服，政治没有不修明的。极权国家固然需要独裁者，民主国家仍然需要独裁者，无论你给他什么一个名义。至于教育、学术也都需要有人开风气之先。假想没有孔、墨、庄、老几个哲人，中国学术思想还留在怎样一个地位！没有柏拉图、亚里士多德、笛卡儿、康德几个哲人，西方学术思想还留在怎样一个地位！如此等类问题是颇耐人寻思的。俗话有一句说得有趣："山中无老虎，猴子称霸王。"阮步兵登广武曾发"时无英雄，遂令竖子成名"之叹。一个国家民族到了"猴子称霸王"或是"竖子成名"的时候，他的文化水准也就可想而见了。

学习就是模仿，人是最善于学习的动物，因为他是最善于模仿的动物。模仿必有模型，模型的美丑注定模仿品的好丑，所谓"种瓜得瓜，种豆得豆"。英雄（或是叫他"圣贤""豪杰"）是学做人的好模型。所以从教育观点看，我们主张维持一般人所认为过时的英雄崇拜。尤其在青年时代，意象的力量大于概念，与其向他们说仁义道德,不如指点几个有血有肉的具有仁义道德的人给他们看。教育重人格感化,必须是一个具体的人格才真正有感化力。

我们民族中从古至今,做人的好模型委实不少,可惜长篇传记不发达,许多伟大人物都埋在断简残篇里面,不能以全副面目活现于青年读者眼前。这个缺陷希望将来有史家去弥补。

十四 谈交友

人生的快乐有一大半要建筑在人与人的关系上面。只要人与人的关系调处得好,生活没有不快乐的。许多人感觉生活苦恼,原因大半在没有把人与人的关系调处适宜。这人与人的关系在我国向称为"人伦"。在人伦中先儒指出五个最重要的,就是君臣、父子、夫妇、兄弟、朋友。这五伦之中,父子、夫妇、兄弟起于家庭,君臣和朋友起于国家社会。先儒谈伦理修养,大半在五伦上做功夫,以为五伦上面如果无亏缺,个人修养固然到了极境,家庭和国家社会也就自然稳固了。五伦之中,朋友一伦的地位很特别,它不像其他四伦都有法律的基础,它起于自由的结合,没有法律的力量维系它或是限定它,它的唯一的基础是友爱与信义。但是它的重要性并不因此减少。如果我们把人与人中间的好感称为友谊,则无论是君臣、父子、夫妇或是兄弟之中,都绝对不能没有友谊。就字源说,在中西文里"友"字都含有"爱"的意义。无爱不成友,无爱也不成君臣、父子、夫妇或兄弟。换句话说,无论哪一伦,都非有朋友的要素不可,朋友是一切人伦的基础。懂得处友,就懂得处人;懂得处人,就懂得做人。一个人在处友方面如果有亏缺,他的生活不但不能是快乐的,而且也绝不能是善的。

谁都知道,有真正的好朋友是人生一件乐事。人是社会的动物,生来就有同情心,生来也就需要同情心。读一篇好诗文,看一片好风景,没有一个人在身旁可以告诉他说:"这真好呀!"心里就觉得美中有不足。遇到一件大喜事,没有人和你同喜,你的欢喜就要减少七八分;遇到一件大灾难,没有人和你同悲,你的悲痛就增加七八分。孤零零的一个人不能唱歌,不能说笑话,不能打球,不能跳舞,不能闹架拌嘴,总之,什么开心的事也不能做。世界最酷毒的刑罚要算幽禁和充军,逼得你和你所常接近的人们分开,让你尝无亲无友那种孤寂的风味。人必须接近人,你如果不信,请你闭关独居十天半个月,再走到十字街头在人群中挤一挤,你心里会感到说不出来的快慰,仿佛过了一次大瘾,虽然街上那些行人在平时没有一个让你瞧得上眼。人是一种怪物,自己是一个人,却要显得瞧不起人,要孤高自赏,要闭门谢客,要把心里所想的看成神妙不可言说，"不可与俗人道"，其实隐意识里面唯恐人不注意自己，不知道自己，不赞赏自己。世间最欢喜守秘密的人往往也是最不能守秘密的人。他们对你说："我告诉你，你却不要告诉人。"他不能不告诉你，却忘记你也不能不告诉人。这所谓"不能"实在出于天性中一种极大的压迫力。人需要朋友，如同人需要泄露秘密，都由于天性中一种压迫力在驱遣。它是一种精神上的饥渴，不满足就可以威胁到生命的健全。

谁也都知道，朋友对于性格形成的影响非常重大。一个人的好坏，朋友熏染的力量要居大半。既看重一个人把他当作真心朋友，他就变成一种受崇拜的英雄，他的一言一笑、一举一动都在有意无意之间变成自己的模范，他的性格就逐渐有几分变成自己的性格。同时，他也变成自己的裁判者，自己的一言一笑、一举一动，都要顾到他的赞许或非难。一个人可以蔑视一切人的毁誉，却不能不求见谅于知己。每个人身旁有一个"圈子"，这圈子就是他所尝亲近的人围成的，他跳来跳去，尝跳不出这圈子。在某一种圈子就成为某一种人。圣贤有道，盗亦有道。隔着圈子相视，尧可非桀，桀亦可非尧。究竟谁是谁非，责任往往不在个人而在他所在的圈子。古人说："与善人交，如入芝兰之室，久而不闻其香；与恶人交，如入鲍鱼之市，久而不闻其臭。"久闻之后，香可以变成寻常，臭也可以变成寻常，而习安之，就不觉其为香为臭。一个人应该谨慎择友，择他所在的圈子，道理就在此。人是善于模仿的,模仿品的好坏,全看模型的好坏,有如素丝,染于青则青,染于黄则黄。"告诉我谁是你的朋友,我就知道你是怎样的一种人。"这句西谚确实是经验之谈。《学记》论教育,一则曰:"七年视论学取友。"再则曰:"相观而善之谓摩。"从孔孟以来,中国士林向奉尊师敬友为立身治学的要道。这都是深有见于朋友的影响重大。师弟向不列于五伦,实包括于朋友一伦里面,师与友是不能分开的。

许叔重《说文解字》谓"同志为友"。就大体说,交友的原则是"同声相应,同气相求"。但是绝对相同在理论与事实都是不可能。"人心不同,各如其面",这不同亦正有它的作用。朋友的乐趣在相同中容易见出;朋友的益处却往往在相异处才能得到。古人尝拿"如切如磋,如琢如磨"来譬喻朋友的交互影响。这譬喻实在是很恰当。玉石有瑕疵棱角,用一种器具来切磋琢磨它,它才能圆融光润,才能"成器"。人的性格也难免有瑕疵棱角,如私心、成见、骄矜、暴躁、愚昧、顽恶之类,要多受切磋琢磨,才能洗刷净尽,达到玉润珠圆的境界。朋友便是切磋琢磨的利器,与自己愈不同,摩擦愈多,切磋琢磨的影响也就愈大。这影响在学问思想方面最容易见出。一个人多和异己的朋友讨论,会逐渐发现自己的学说不圆满处,对方的学说有可取处,逼得不得不做进一层的思考,这样对于学问才能逐渐鞭辟入里。在朋友互相切磋中,一方面被"磨",一方面也在受滋养。一个人被"磨"的方面愈多,吸收外来的滋养也就愈丰富。孔子论益友,所以特重直谅多闻。一个不能有诤友的人永远是愚而好自用,在道德学问上都不会有很大的成就。

好朋友在我国语文里向来叫作"知心"或"知己","知交"也是一个习用的名词。这个语言的习惯颇含有深长的意味。从心理观点看,求见知于人是一种社会本能,有这本能,人与人才可免除隔阂,打成一片,社会才能成立。它是社会生命所借以维持的,犹如食色本能是个人与种族生命所借以维持的,所以它与食色本能同样强烈。古人尝以一死报知己,钟子期死后,伯牙不复鼓琴。这种行为在一般人看近似于过激,其实是由于极强烈的社会本能在驱遣。其次,从伦理哲学观点看,知人是处人的基础,而知人却极不易,因为深刻的了解必基于深刻的同情。深刻的同情只在真挚的朋友中才常发现,对于一个人有深交,你才能真正知道他。了解与同情是互为因果的,你对于一个人愈同情,就愈能了解他;你愈了解他,也就愈同情他。法国人有一句成语说:"了解一切,就是宽容一切。"(Tout comprendre, c'est tout pardonner.)这句话说来像很容易,却是人生的最高智慧,需要极伟大的胸襟才能做到。古今有这种胸襟的只有几个大宗教家,像释迦牟尼和耶稣,有这种胸襟才能谈到大慈大悲;没有它,任何宗教都没有灵魂。修养这种胸襟的捷径是多与人做真正的好朋友,多与人推心置腹,从对于一部分人得到深刻的了解，做到对于一般人类起深厚的同情。从这方面看，交友的范围宜稍广泛，各种人都有最好，不必限于自己同行同趣味的。蒙田在他的论文里提出一个很奇怪主张，以为一个人只能有一个真正的朋友，我对这主张很怀疑。

交友是一件寻常事，人人都有朋友，交友却也不是一件易事，很少人有真正的朋友。势利之交固容易破裂，就是道义之交也有时不免闹意气之争。王安石与司马光、苏轼、程颢诸人在政治和学术上的倾轧便是好例。他们个个都是好人，彼此互有相当的友谊，而结果闹成和世俗人一般的翻云覆雨。交道之难，从此可见。从前人谈交道的话说得很多。例如"朋友有信""久而敬之""君子之交淡如水"，视朋友须如自己，要急难相助，须知护友之短，像孔子不假盖于悭吝朋友，要劝善规过，但"不可则止，毋自辱焉"。这些话都是说起来颇容易，做起来颇难。许多人都懂得这些道理，但是很少人真正会和人做朋友。

孔子尝劝人"无友不如己者"，这话使我很彷徨不安。你不如我，我不和你做朋友，要我和你做朋友，就要你胜似我，这样我才能得益。但是这算盘我会打你也就会打，如果你也这么说，你我之间不就没有做朋友的可能吗？柏拉图写过一篇谈友谊的对话，另有一番奇妙议论。依他看，善人无须有朋友，恶人不能有朋友，善恶混杂的人才或许需要善人为友来消除他的恶，恶去了，友的需要也就随之消灭。

这话显然与孔子的话有些抵牾。谁是谁非，我至今不能断定，但是我因此想到朋友之中，人我的比较是一个重要问题，而这问题又和善恶问题密切相关。

我从前研究美学上的欣赏与创造问题，得到一个和常识不相通的结论，就是：欣赏与创造根本难分，每人所欣赏的世界就是每人所创造的世界，就是他自己的情趣和性格的反照；你在世界中能"取"多少，就看你在你的性灵中能提出多少"与"它，物与我之中有一种生命的交流，深人所见于物者深，浅人所见于物者浅。现在我思索这比较实际的交友问题，觉得它与欣赏艺术自然的道理颇可暗合默契。你自己是什么样的人，就会得到什么样的朋友。人类心灵尝交感回流。你拿一分真心待人，人也就拿一分真心待你，你所"取"如何，就看你所"与"如何。"爱人者人恒爱之，敬人者人恒敬之。"人不爱你敬你，就显得你自己有损缺。你不必责人，先须反求诸己。不但在情感方面如此，在性格方面也都是如此。友必同心，所谓"心"是指性灵同在一个水准上。如果你我在性灵上有高低，我高就须感化你，把你提高到同样水准；你高也是如此，否则友谊就难成立。朋友往往是测量自己的一种最精确的尺度。你自己如果不是一个好朋友，就绝不能希望得到一个好朋友。要是好朋友，自己须先是一个好人。我很相信柏拉图的"恶人不能有朋友"的那一句话。恶人可以做好朋友时，他在他方面尽管是坏，在能为好朋友一点上就可证明他还有人性,还不是一个绝对的恶人。说来说去,"同声相应,同气相求"那句老话还是对的,何以交友的道理在此,如何交友的方法也在此。交友和一般行为一样,我们应该常牢记在心的是"责己宜严,责人宜宽"。

十五　谈性爱问题

这问题的重要性是无可否认的。圣人说得好:"饮食男女,人之大欲存焉。"许多人的活动和企图,仔细分析起来,多少都与这两种基本的生活要求有直接或间接的关系。整个的人类文化动态也大半围着这两个轴心旋转。单提男女关系来说,没有它,世间就要少去许多纠纷,文艺就要少去一个重要的母题,社会必是另样,历史也必是另样。但是许多人对这样重要的问题偏爱扮面孔,不肯拿它来郑重地谈、郑重地想。以往少数哲学家如卢梭、康德、斯宾诺莎诸人对这问题所发表的议论,依叔本华看,都很肤浅。至于一般人的观念更不免为迷信、偏见和伪善所混乱。许多负教养之责的父母和师长对这问题简直有些畏惧,讳莫如深,仿佛以为男女关系生来是与淫秽相连的,青年人千万沾染不得,最好把他们蒙蔽住。其实你愈不使他们沾染而他们偏愈爱沾染；对这重要问题你想他们安于愚昧，他们就须得偿付愚昧的代价。

从生物学的观点看，这问题本很简单。有生之伦执着最牢固的是生命，最强烈的本能是叔本华所说的生命意志。首先是个体生命。我们挣扎、营求、竭力劳心，都无非是要个体生命在物质方面得到维持、发展、安全、舒适，在精神方面得到真善美诸价值所给的快慰。一切活动的最终目的都在"谋生"。但是个体生命是不能永久执着的，生的尽头都是死。长生不但是一个不能实现的理想，而且也不是一个好理想。你试想：从开天辟地到世界末日，假如老是一代人在活着，世界不就成为一池死水？一代过去了，就有另一代继着来，生生不息，不主故常，所以变化无端，生发无穷。这是造化的巧妙安排。懂得这巧妙，我们就明白种族不朽何以胜似个体长生，种族生命何以重于个体生命，种族生命意志何以强于个体生命意志。男女相悦，说来说去，只是种族生命意志的表现。种族生命意志就是一般人所谓"性欲"。"爱"是一个较好听的名词，凡是男女间的爱都不免带有性欲成分。你尽管相信你的爱是"纯洁的""心灵的""精神的"，骨子里都是无数亿万年遗传下来的那一点性的冲动在作祟，你要与你所爱的人配合，你要传种。你不敢承认这点，因为你的老祖宗除了遗传给你这一点性的冲动以外，还遗传给你一些相反的力量——关于性爱的"塔怖"（taboo），你的脑筋里装满着性爱性交是淫秽的、可羞的、不道德的之类观念。其实,你须得知道:假如这一点性的冲动被阉割了,人道就会灭绝。人除着爱上帝以外,没有另一种心灵活动,比男人爱女人或女人爱男人那一点热忱,更值得叫作"神圣",因为那是对于"不朽"的希求,是要把人人所宝贵的生命继续不断的绵延下去。

传种的要求驱遣着两性相爱,这是人与禽兽所共同的。但是有两个因素使性爱问题在人类社会中由简单变为很复杂。

第一个因素是社会的。社会所赖以维持的是伦理、宗教、法律和风俗习惯所酿成的礼法,"男女居室,人之大伦",没有礼法更不足以维持。关于男女关系的礼法大约起于下列两种:第一是防止争端。性欲是最强烈的本能,而性欲的对象虽有选择,却无限制。一个人可以有许多对象,而许多人也可以同有一个对象。男爱女或不爱,女爱男或不爱。假如一个人让自己的性欲做主,不受任何制裁,"争风"和"逼奸"之类事态就会把社会的秩序弄得天翻地覆。因此每个社会对于男女交接和婚姻都有一套成文和不成文的法典。例如一夫一妻,凭媒嫁娶,尊重贞操,惩处奸淫之类。其次是划清责任。恋爱的正常归宿是婚姻,婚姻的正常归宿是生儿养女,成立家庭。有了家庭就有家庭的责任。生活要维持,子女要教养。性的冲动是飘忽游离的,常要求新花样与新口味,而家庭责任却需要夫妻固定拘守,"一与之齐,终身不改"。假如一个人随意杂交,随意生儿养女,欲望满足了,就丢开配偶儿女而别开生面,他所丢下来的责任给谁负担呢?在以家庭为中心的社会，这种不负责的行为是不能不受裁制的。世界也有人梦想废除家庭的乌托邦，在那里面男女关系有绝对的自由，但是这恐怕永远是梦想，男女配合的最终目的原来就在生养子女，不在快一时之意；家庭是种族蔓延所必需的暖室，为了快一时之意而忘了那快意行为的最终目的，破坏达到那目的的最适宜的路径，那是违反自然的铁律。

因为上述两种社会的力量，人类两性配合不能全凭性欲指使，取杂交方式。他一方面须满足自然需要，一方面也要满足社会需要。自然需要倾向于自由发泄，社会需要却倾向于防闲节制。这种防闲节制对于个体有时不免是痛苦，但就全局着想，有健康的社会生命才能保障个体生命与种族生命。性欲要求原来在绵延种族生命，到了它危害到种族生命所借以保障的社会生命时，它就失去了本来作用，于理是应受制止的。这道理本很浅显，许多人却没有认清，感到社会的防闲节制不方便，便骂"礼教吃人"。极端的个人主义常是极端的自私主义，这是一端。同时，我们自然也须承认社会的防闲节制的方式也有失去它的本来作用的时候。社会常在变迁，甲型社会的礼法不一定适用于乙型社会，一个社会已经由甲型变到乙型时，甲型的礼法往往本着习惯的惰性留存在乙型社会里，有如盲肠，不但无用，甚至发炎生病。原始社会所遗留下来的关于性的"塔怖"，如"男女授受不亲"、"女子出门必拥蔽其面"、"望门守节"、孕妇产妇不洁净带灾星之类，在现代已如盲肠，都很显然。

第二个使人类两性问题变复杂的因素是心理的。从个体方面看，异性的寻求、结合、生育都是消耗与牺牲，自私是人类天性，纯粹是消耗牺牲的事是很少有人肯干的。于此造化又有一个很巧妙的安排，使这消耗与牺牲的事带有极大的快感。人们追求异性，骨子里本为传种，而表面上却现得为自己求欲望的满足。恋爱的人们，像叔本华所说的，常在"错觉"（illusion）里过活。当其未达目的时，仿佛世间没有比这更快意的事，到了种子播出去了，回思虽了无余味，而性欲的驱遣却不因此而灭杀其热力，还是源源涌现，挟着排山倒海的力量东奔西窜。它的遭遇有顺有逆，有常有变，纵横流转中与其他事物发生关系复杂微妙至不可想象，而身当其冲者的心理变迁也随之幻化无端。近代有几个著名学者如韦斯特马克（Westermarck）、埃利斯（H. Ellis）、弗洛伊德（Freud）诸人对性爱心理所发表的著作几至汗牛充栋。在这篇短文里我们无法把许多光怪陆离的现象都描绘出来，只能略举数端，以示梗概。

男女相爱与审美意识有密切关系，这是尽人皆知的。我们在这里所指的倒不在男爱女美、女爱男美那一点，因为那很明显，无用申述。我们所指的是相爱相交那事情本身的艺术化。人为万物之灵，虽处处受自然需要驱遣，却时时要超过自然需要而做自由活动，较高尚的企图如文艺、宗教、哲学之类多起于此。举个浅例来说，盛水用壶是一种自然需要，可是人不以此为足，却费心力去求壶的美观。美观非实用所必需，却是心灵自由伸展所不可无。人在男女关系方面也是如此。男女间事，如果止于禽兽的阶层上，那是极平凡而粗浅的。只需看鸡犬，在交合的那一顷刻间它们服从性欲的驱遣，有如奴隶服从主子之恭顺，其不可逃免性有如命运之坚强，它们简直不是自己的主宰，一股冲动来，就如悬崖纵马，一冲而下，毫不绕弯子，也毫不讲体面。人要把这件自然需要所逼迫的事弄得比较"体面"些，不那样脱皮露骨，于是有许多遮盖，有许多粉饰，有许多作态弄影，旁敲侧击，男女交际间的礼仪和技巧大半是粗俗事情的文雅化，做得太过分了，固不免带着许多虚伪与欺诈；做得恰到好处时，却可以娱目赏心。

　　实用需要壶盛水，审美意识进一步要求壶的美观，美观与实用在此仍并行不悖。再进一步，壶可以放弃它的实用而成为古董、纯粹的艺术品；如果拿它来盛水，就不免煞风景，男女的爱也有同样的演进。在动物阶层，它只是为生殖传种一个实用目的，继之它成为一种带有艺术性的活动，再进一步它就成为一种纯粹的艺术，徒供赏玩。爱于是与性欲在表面上分为两事，许多人只是"为爱而爱"，就只在爱的本身那一点快乐上流连体会，否认爱还有借肉体结合而传种那一个肮脏的作用。爱于是成为"柏拉图式的"、纯洁的、心灵的、神圣的，至于性欲活动则被视为肉体的、淫秽的、可羞的、尘俗的。这观

念的形成始于耶稣教的重灵轻肉，终于十九世纪浪漫派文艺的"恋爱至上"观。这种灵爱与肉爱的分别引起好些人的自尊心，激励成好些思想、文艺和事业上的成就；同时，它也使好些人变成疯狂，养成好些不康健的心理习惯。说得好听一点，它起于性爱的净化或"升华"；说得不好听一点，它是替一件极尘俗的事情挂上一个极高尚的幌子，"金玉其外，败絮其中"。

从这一点，我们可以看出人心怎样爱绕弯子，爱歪曲自然。近代变态心理学所供给的实例更多。它的起因，像弗洛伊德所说的，是自然与文化、性欲冲动与社会道德习俗的冲突。性欲冲动极力伸展，社会势力极力压抑。这冲突如果不得到正常的调整，性欲冲动就不免由意识域压抑到潜意识域，虽是囚禁在那黑狱里，却仍跃跃欲试，冀图破关脱狱。为着要逃避意识的检查，取种种化装。许多寻常行动，如做梦、说笑话、创作文艺、崇拜偶像、虐待弱小，以至于吮指头、露大腿之类，在变态心理学家看，都可以是性欲化装的表现。性欲是一种强大的力量，有如奔流，须有所倾泻，正常的方式是倾泻于异性对象；得不到正常对象倾泻时，它或是决堤而泛滥横流，酿成种种精神病症；或是改道旁驰，起升华作用而致力于宗教、文艺、学术或事功。因此，人类活动——无论是个体的或社会的——几乎没有一件不可以在有形无形之中与性爱发生心理上的关联。

这里所说的只是一个极粗浅的梗概，从这种粗浅的梗概中我们已可以见出人类两性关系问题如何复杂。要得到一个健康的性道德观，我们需要近代科学所供给的关于性爱的各方面知识，一种性知识的启蒙运动。我们一不能如道德学家和清教徒一味抹杀人性，对于性的活动施以过分严厉的裁制，原始时代的"塔怖"更没有保留的必要；二不能如浪漫派文艺作者满口讴歌"恋爱至上"，把一件寻常事情捧到九霄云外，使一般神经质软弱的人们悬过高的希望，追攀不到，就陷于失望悲观；三不能如苏联共产党人把恋爱婚姻完全看成个人的私行，与社会国家无关，任它绝对自由，绝对放纵。依我个人的主张，男女间事是一件极家常极平凡的事，我们须以写实的态度和生物学的眼光去看它，不必把它看成神奇奥妙，也不必把它看成淫秽邪僻。我们每个人天生有传种的机能、义务与权利。我们寻求异性，是要尽每个人都应尽的责任。一对男女成立恋爱或婚姻的关系时，只要不妨害社会秩序的合理要求，我们就用不着大惊小怪。这句话中的插句极重要：社会不能没有裁制，而社会的裁制也必须合理。社会的合理裁制是指上文所说的防止争端和划清责任。争婚、逼婚、乱伦、患传染病结婚，结婚而放弃结婚的责任，这些便是法律所应禁止的。除了这几项以外，社会如果再多嘴多舌，说这样是伤风，那样是败俗，这样是淫秽，那样是奸邪，那就要在许多人的心理上起不必要的压抑作用，酿成精神的变态，并且也引起许多人阳奉阴违，面子上仁义道德，骨子里男盗女娼。在人生各方面，正常的生活才是健康的生活，在男女关系方面，正常的路径是由恋爱而结婚，由结婚而生儿养女，把前一代的责任移交给后一代，使种族"于万斯年"地绵延下去。传种以外，结婚者的个人幸福也不应一笔勾销。结婚和成立家庭应该是一件快乐的事，人们就应该在里面希冀快乐，且努力产生快乐。到了夫妻实在不能相容而家庭无幸福可言时，在划清责任的条件之下离婚是道德与法律都应该允许而且提倡的。

十六 谈休息

在世界各民族中,我们中国人要算是最能刻苦耐劳的。第一是农人。他们日出而作,日入而息,不分阴晴冷暖,总是硬着头皮,流着血汗,忙个不休。一年之中,他们最多只能在过年过节时歇上三五天,你如果住在乡下,常看他们在炎天烈日下车水拔草,挑重担推重车上高坡,或是拉牵绳拖重载船上急滩,你对他们会起敬心也会起怜悯心,觉得他们虽是人,却在做牛马的工作、过牛马的生活。读书人比较算是有闲阶级,但在未飞黄腾达以前,也要经过一番艰苦的奋斗。从前私塾学生从天亮到半夜,都有规定的课程,休息对于他们是一个稀奇的名词。小学生们只有在先生打瞌睡时偷耍一阵,万一先生不打瞌睡,就只有找借口逃学。从前读书人误会"自强不息"的意思,以为"不息"就是不要休息。十年不下楼、十年不窥园、囊萤刺股、发愤忘食之类的故事在读书人中传为美谈，奉为模范。近代学校教育比从前私塾教育似乎也并不轻松多少。从小学以至大学，功课都太繁重，每日除上六七小时课外还要看课本做练习。世界各国学校上课钟点之多，假期之短少，似没有比得上我们的。

这种刻苦耐劳的精神原可佩服，但是对于身心两方的修养却是极大的危害。最刻苦耐劳的是我们中国人，体格最羸弱而工作最不讲效率的也是我们中国人。这中间似不无密切关系。我们对于休息的重要性太缺乏彻底的认识了。它看来虽似小问题，却为全民族的生命力所关，不能不提出一谈。

自然界事物都有一个节奏。脉搏一起一伏，呼吸一进一出，筋肉一张一弛，以至日夜的更替，寒暑的来往，都有一个劳动和休息的道理在内。草木和虫豸在冬天要枯要眠，土壤耕种了几年之后须休息，连机器输电灯线也不能昼夜不息地工作。世间没有一件事物能在一个状态维持到久远的，生命就是变化，而变化都有一起一伏的节奏。跳高者为着要跳得高，先蹲着很低；演戏者为着造成一个紧张的局面，先来一个轻描淡写；用兵者守如处女，才能出如脱兔；唱歌者为着要拖长一个高音，先须深深地吸一口气。事例是不胜枚举的。世间固然有些事可以违拗自然去勉强，但是勉强也有它的限度。人的力量，无论是属于身或属于心的，到用过了限度时，必定是由疲劳而衰竭，由衰竭而毁灭。譬如弓弦，老是尽量地拉满不放松，结果必定是裂断。

我们中国人的生活常像满引的弓弦，只图张的速效，不顾弛的蓄力，所以常在身心俱惫的状态中。这是政教当局所必须设法改善的。

一般人以为多延长工作的时间就可以多收些效果，比如说，一天能走一百里路，多走一天，就可以多走一百里路，如此天天走着不歇，无论走得多久，都可以维持一百里的速度。凡是走过长路的人都知道算盘打得不很精确，走久了不歇，必定愈走愈慢，以至完全走不动。我们走路的秘诀，"不怕慢，只怕站"，实在只是片面的真理。永远站着固然不行，永远不站也不一定能走得远，不站就须得慢，慢有时延误事机；而偶尔站站却不至于慢，站后再走是加速度的唯一办法。我们中国人做事的通病就在怕站而不怕慢，慢条斯理地不死不活地往前挨，说不做而做着并没有歇，说做却并没有做出什么名色来。许多事就这样因循耽误了。我们只讲工作而不讲效率，在现代社会中，不讲效率，就要落后。西方各国都把效率看作一个迫切的问题，心理学家对这问题做了无数的实验，所得的结论是以同样时间去做同样工作，有休息的比没有休息的效率大得多。比如说，一长页的算学加法习题，继续不断地去做要费两点钟，如果先做五十分钟，继以二十分钟的休息，再做五十分钟，也还可以做完，时间上无损失而错误却较少。西方新式工厂大半都已应用这个原则去调节工作和休息的时间，结果工人的工作时间虽然少了，雇主的出品质量反而增加了。一般人以为休息是浪费时间，其实不休息的工作才真是浪费时间。此外还有精力的损耗更不经济。拿中国人与西方人相比,可工作的年龄至少有二十年的差别,我们到五六十岁就衰老无能为,他们那时还正年富力强,事业刚开始,这分别有多大!

休息不仅为工作蓄力,而且有时工作必须在休息中酝酿成熟。法国大数学家庞加莱研究数学上的难题,苦思不得其解,后来跑到街上闲逛,原来费尽气力不能解决的难题却于无意中就轻轻易易地解决了。据心理学家的解释,有意识作用的工作须得退到潜意识中酝酿一阵,才得着土生根。通常我们在放下一件工作之后,表面上似在休息,而实际上潜意识中那件工作还在进行,詹姆士有"夏天学溜冰,冬天学泅水"的比喻,溜冰本来是前冬练习的,今夏无冰可溜,自然就想不到溜冰,算是在休息,但是溜冰的筋肉技巧却恰巧此时凝固起来。泅水也是如此,一切学习都如此。比如我们学写字,用功甚勤,进步总是显得很慢,有时甚至越写越坏。但是如果停下一些时候再写,就猛然觉得字有进步。进步之后又停顿,停顿之后又进步,如此辗转多次,字才易写得好。习字需要停顿,也是因为要有时间让筋肉技巧在潜意识中酝酿凝固。习字如此,习其他技术也是如此。休息的功夫并不是白费的,它的成就往往比工作的成就更重要。

《佛说四十二章经》里有一段故事,戒人为学不宜操之过急,说得很好:

沙门夜诵迦叶佛遗教经，其声悲紧，思悔欲退。佛问之曰："汝昔在家，曾为何业？"对曰："爱弹琴。"佛言："弦缓如何？"对曰："不鸣矣。""弦急如何？"对曰："声绝矣。""急缓得中如何？"对曰："诸音普矣。"佛言："沙门学道亦然。心若调适，道可得矣。于道若暴，暴即身疲；其身若疲，意即生恼；意若生恼，行即退矣。"

　　我国先儒如程朱诸子教人为学，亦常力戒急迫，主张"优游涵泳"。这四字含有妙理，它所指的功夫是猛火煎后的慢火煨，紧张工作后的潜意识的酝酿。要"优游涵泳"，非有充分休息不可。大抵治学和治事，第一件要事是清明在躬，从容而灵活，常做得自家的主宰，提得起也放得下。急迫躁进最易误事。我有时写字或作文，在意兴不佳或微感倦怠时，手不应心，心里愈想好，而写出来的愈坏，在此时仍不肯丢下，带着几分气愤的念头勉强写下去，写成要不得就扯去，扯去重写仍是要不得，于是愈写愈烦躁，愈烦躁也就写得愈不像样。假如在发现神志不旺时立即丢开，在乡下散步，吸一口新鲜空气，看看蓝天绿水，陡然间心旷神怡，回头来再伏案做事，便觉精神百倍，本来做得很艰苦而不能成功的事，现在做起来却有手挥目送之乐，轻轻易易就做成了。不但作文写字如此，要想任何事做得好，做时必须精神饱满，工作成为乐事。一有倦怠或烦躁的意思，最好就把它搁下休息一会儿，让精神恢复后再来。

　　人须有生趣才能有生机。生趣是在生活中所领略得的快乐，生机是生活发扬所需要的力量。诸葛武侯所谓"宁静以致远"就包含生趣和生机两个要素在内，宁静才能有丰富的生趣和生机，而没有充分休息做优游涵泳的功夫的人们绝难宁静。世间有许多过于辛苦的人，满身是尘劳，满腔是杂念，时时刻刻都为环境的需要所驱遣，如机械一般流转不息，自己做不得自己的主宰，呆板枯燥，没有一点生人之趣。这种人是环境压迫的牺牲者，没有力量抬起头来驾驭环境或征服环境，在事业和学问上都难有真正的大成就。我认识许多穷苦的农人、孜孜不辍的老学究和一天在办公室坐八小时的公务员，都令我起这种感想。假如一个国家里都充满着这种人，我们很难想象出一个光明世界来。

　　基督教的《圣经》叙述上帝创造世界的经过，于每段工作完成之后都赘上一句说："上帝看看他所做的事，看，每一件都很好！"到了第七天，上帝把他的工作都完成了，就停下来休息，并且加福于这第七天，因为在这一天他能够休息。这段简单的文字很可耐人寻味。我们不但需要时间工作，尤其需要时间对于我们所做的事回头看一看，看出它很好；并且工作完成了，我们需要一天休息来恢复疲劳的精神，领略成功的快慰。这一天休息的日子是值得"加福的""神圣化的"（《圣经》里所用的字是 blessed and sanctified）。在现代紧张的生活中,我们"车如流水马如龙"地向前直滚,曾不留下一点时光做一番静观和回味,以至华严世相都在特别快车的窗子里滑了过去,而我们也只是轮回戏盘中的木人木马,有上帝的榜样在那里而我们不去学,岂不是浪费生命!

我生平最爱陶渊明在自祭文里所说的两句话:"勤靡余劳,心有常闲。"上句是尼采所说的狄俄尼索斯的精神,下句即是阿波罗的精神。动中有静,常保存自我主宰,这是修养的极境,人事算尽了,而神仙福分也就在尽人事中享着。现代人的毛病是"勤有余劳,心无偶闲"。这毛病不仅使生活索然寡味,身心俱惫,于事劳而无功,而且使人心地驳杂,缺乏冲和弘毅的气象,日日困于名缰利锁,叫整个世界日趋于干枯黑暗。但丁描写魔鬼在地狱中受酷刑,常特别着重"不停留"或"无间断"的字样。"不停留""无间断"自身就是一种惩罚,甘受这种惩罚的人们是甘愿人间成为地狱,上帝的子孙们,让我们跟着他的榜样,加福于我们工作之后休息的时光啊!

十七 谈消遣

　　身和心的活动都有有节奏的周期,这周期的长短随各人的体质和物质环境而有差异。在周期限度之内,工作有它的效果,也有它的快慰。过了周期限度,工作就必产生疲劳,不但没有效果,而且成为苦痛。到了疲劳,就必定有休息,才能恢复工作的效果。这道理极浅,无用深谈。休息的方式甚多,最理想而亦最普遍的是睡眠。在睡眠中生理的功能可以循极自然的节奏进行,各种筋肉虽仍在活动,却不需要紧张的注意力,也没有工作情境需要所加的压迫,它的动作是自由的、自然的、不费力的、倾向弛懈的。一个人如果每天在工作疲劳之后能得到充分时间的熟睡,比任何养生家的秘诀都灵验。午睡尤其有效。午睡醒了,午后又变成了清晨,一日之中就有两度的朝气。西方有些中小学里,时间表内有午睡的规定,那是很合理的。我国的理学家和各派宗教家于睡眠之外练习静坐。静坐可以使心境空灵，生理功能得到人为的调节，功用有时比睡眠更大。但是初习静坐需要注意力的控制，有几分不自然，不易成为恒久的习惯，而且在近代生活状况之下，静坐的条件不易具备，所以它不能很普遍。

睡眠与静坐都不能算是完全的休息，因为许多生理的功能照旧在进行。严格地说，生物在未死以前绝不能有完全的休息。有生气就必有活动，"活"与"动"是不可分的。劳而不息固然是苦，息而不劳尤其是苦。生机需要修养，也需要发泄。生机旺而不泄，像春天的草木萌芽被砖石压着，或是把压力推开，冲吐出来，或是变成拳曲黄瘦，失去自然的形态。心理学家已经很明白地指示出来：许多心理的毛病都起于生机不得正当的发泄。从一般生物的生活看，精力的发泄往往同时就是精力的蓄养。人当少壮时期，精力最弥满，需要发泄也就愈强烈；愈发泄，精力也就愈充足。一个生气蓬勃的人必定有多方的兴趣，在每方面的活动都比常人活跃，一个人到了可以索然枯坐而不感觉不安时，他必定是一个行将就木的病夫或老者。如果他们在健康状态中，需要活动而不得活动，他必定感到愁苦抑郁。人生最苦的事是疾病幽囚，因为在疾病幽囚中，他或是失去了精力，或是失去了发泄精力的自由。

精力的发泄有两种途径：一是正当工作，一是普通所谓消遣，包含各种游戏运动和娱乐在内。我们不能用全副精力去工作，因为同样的注意方向和同样的筋肉动作维持到相当的限度，必定产生疲劳，如上所述。人的身心构造是依据分工合作原理的。对于各种工作我们都有相当的一套机器、一种才能和一副精力。比如说，要看有眼，要听有耳，要走有脚，要思想有头脑。我们运用眼的时候，耳可以休息，运用脑的时候，脚可以休息。所以在专用眼之后改着去用耳，或是在专用脑之后改着去用脚，我们虽然仍旧在活动，所用以活动的只是耳或脚，眼或脑就可能得到休息了。这种让一部分精力休息而另一部分精力活动的办法在西文中叫作 diversion，可惜在中文里没有恰当的译名。这也足见我们没有注意到它的重要。它的意义是"转向"，工作方面的"换口味"，精力的侧出旁击。我们已经说过，生物不能有完全的休息，普通所谓休息，除睡眠以外，大半是 diversion，这种"换口味"的办法对于停止的活动是精力的蓄养，对于正在进行的另一活动是精力的发泄。它好比打仗，一部分兵力上前线，另一部分兵力留在后面预备补充。全体的兵力都上了前线，难乎为继；全体的兵力都在后方按兵不动，过久也会疲老无用，仗自然更打不起来。更番瓜代仍是精力的最经济最合理的支配，无论是在军事方面或是在普通生活方面。

更番瓜代有种种方式。普通读书人用脑的机会比较多，最好常在用脑之后做一番筋肉活动，如散步、打球、栽花、做手工之类，一方面可以使脑得休息而消除疲劳，一方面也可以破除同一工作的单调，不致发生厌闷。卢梭谈教育,主张学生多习手工,这不但因为手工有它的特殊的教育功效,也因为用手对于用脑是一种调节。大哲学家斯宾诺莎于研究哲学之外,操磨镜的职业,这固然是为着生活,实在也很合理,因为两种性质相差很远的工作互相更换,互为上文所说的diversion,对于心身都有好影响。就生活理想说,劳心与劳力应该具备于一身,劳力的人绝对不劳心固然变成机械,劳心的人绝对不劳力也难免文弱干枯。现在劳心与劳力成为两种相对峙的阶级,这固然是历史与社会环境所造成的事实,但是我们应该不要忘记它并不甚合理。在可能范围之内,我们应该求心与力的活动能调节适中。我个人很羡慕中世纪欧洲僧院的生活,他们一方面诵经、抄书、画画而且做很精深的哲学研究,一方面种地、砍柴、酿酒、织布。我尝想到我们的学校在这个经济凋瘵之际为什么不想一个自给自足的办法,有系统有计划地采行半工半读制?这不仅是从经济着眼,就从教育着眼,这也是一种当务之急。大部分学生来自田间,将来纵不全数回到田间,也要走进工厂或公务机关;如果在学校里只养成少爷小姐的心习,全不懂民生疾苦,他们绝难担负现时代的艰巨责任。当然,本文所说的劳心与劳力的调剂也是一个重要的理由。

不同性质的工作更番瓜代,固可以收到调剂和休息的效用,可是一个人不能时时刻刻都在工作,事实上没有这种需要,而且劳苦过度,工作也变成一种苦事,不能有很大的效率。我们有时须完全放弃工作,做一点无所为而为的活动,享受一点自由人的幸福。工作都有所为而为,带有实用目的;无所为而为,不带实用目的活动,都可以算作消遣。我们说"消遣",意谓"混去时光",含义实在不很好;西方人说"转向"(diversion),意谓"把精力朝另一方面去用",它和工作同称为 occupation,比较可以见出消遣的用处。所谓 occupation 无恰当中文译词,似包含"占领"和"寄托"二义。在工作和消遣时,都有一件事物"占领"着我们的身心,而我们的身心也就"寄托"在那一件事物里面。身心寄托在那里,精力也就发泄在那里。拉丁文有一句成语说:"自然厌恶空虚。"这句话近代科学仍奉为至理名言。在物理方面,真空固不易维持,一有空隙,就有物来占领;在心理方面,真空虽是一部分宗教家(如禅宗)的理想,在实际上也是反乎自然而为自然所厌恶。我们都不愿意生活中有空隙,都愿常有事物"占领"着身心,没有事做时须找事做,不愿做事时也不甘心闲着,必须找一点玩意儿来消遣,否则便觉得厌闷苦恼。闲惯了,闷惯了,人就变得干枯无生气。

消遣就是娱乐,无可消遣当然就是苦闷。世间欢喜消遣的人,无论他们的嗜好如何不同,都有一个共同点,就是他们必都有强旺的生活力,运动家和艺术家如此,嫖客赌徒乃至于烟鬼也是如此。他们的生活力强旺,发泄的需要也就跟着急迫。他们所不同者只在发泄的方式。这有如大水,可以灌田、发电或推动机器,也可以泛滥横流,淹毙人畜草木。同是强旺的生活力，用在运动可以健身，用在艺术可以怡情养性，用在吃喝嫖赌就可以劳民伤财，为非作歹。"浪子回头是个宝"，也就是这个道理。所以消遣看来虽似末节，却与民族性格国家风纪都有密切关系。一个民族兴盛时有一种消遣方式，颓废时又有另一种消遣方式。古希腊罗马在强盛时，人民都欢喜运动、看戏、参加集会，到颓废时才有些骄奢淫逸的玩意儿如玩娈童、看人兽斗之类。近代条顿民族多欢喜户外运动，而拉丁民族则多消磨时光于咖啡馆与跳舞厅。我国古代民族娱乐花样本极多，如音乐、跳舞、驰马、试剑、打猎、钓鱼、斗鸡、走狗等都含有艺术意味或运动意味。后来士大夫阶级偏嗜琴棋书画，虽仍高雅，已微嫌侧重艺术，带有几分"颓废"色彩。近来"民族形式"的消遣似只有打麻将、坐茶馆、吃馆子、逛窑子几种。对于这些玩意儿不感兴趣的人们除着做苦工之外，就只有索然枯坐，不能在生活中领略到一点乐趣。我经过几个大学和中学，看见大部分教员和学生终年没有一点消遣，大家都喊着苦闷，可是大家都不肯出点力把生活略加改善，提倡一些高级趣味的娱乐来排遣闲散时光。从消遣一点看，我们可以窥见民族生命力的低降。这是一个很危险的现象。它的原因在一般人不明了消遣的功用，把它太看轻了。

其实这事并不能看轻。柏拉图计划理想国的政治，主张消遣娱乐都由国法规定。儒家标六艺之教，其中礼、乐、射、御四项都带有消遣娱乐意味，只书、数两项才是工作。孔子谈修养，"居于仁"之后即继以"游于艺"，这足见中西哲人都把消遣娱乐看得很重，梁任公先生有一文讲演消遣，可惜原文不在手边，记得大意是反对消遣浪费时光。他大概有见于近来我国一般消遣方式趣味太低级。但我们不能因噎废食。精力必须发泄，不发泄于有益身心的运动和艺术，便须发泄于有害身心的打牌、抽烟、喝酒、逛窑子。我们要禁绝有害身心的消遣方式，必须先提倡有益身心的消遣方式。比如水势须决堤泛滥，你不愿它决诸东方，就必须让它决诸西方，这是有心政治与教育的人们所应趁早注意设法的。要复兴民族，固然有许多大事要做，可是改善民众消遣娱乐，也未见得就是小事。

谈体育

理想的教育应以发展全人为鹄的。全人包括身心两方面，修养也应同时顾到这两方面。心的修养包含智育、德育、美育三项，相当于知、情、意三种心理机能。身的修养即通常所谓体育。近来我们的教育对于心的修养多偏重智育，德育与美育多被忽视。这种畸形的发展酿成一般人的道德堕落与趣味低下，已为共见周知的事实。至于体育更是落后。学校虽设有体育这门功课，大半是奉行公事，体育教员一向被轻视，学生不注意体育可不致影响升级和毕业，学校在体育设备上花的费用在整个预算上往往不及百分之一。如果你把身心的重要看作平等，把心的方面知、情、意三种机能的重要也看作平等，再把目前教育状况衡量一下，就可以想到我们的教育的不完善到了什么一个程度。德育和美育至少在理论上还有人在提倡，体育则久已降于不议不论之列了。体育所以落到这种无足轻重的地位,大半因为一般人根本误认体肤没有心灵那么高贵,一部分宗教家和哲学家甚至把体肤看成心灵的迷障,要修养心灵须先鄙弃体肤的需要。我们崇拜甘地,仿佛以为甘地成就他的特殊精神,就与他的身体瘦弱有关,身体不瘦弱,就不能成圣证道。这种错误的观念不破除,我们根本不能谈体育。

生命是有机的,身与心虽可分别却不可割裂;没有身就没有心,身体不健全,心灵就不会健全。这道理可以分几点来说。

第一,身体不健全,聪明智慧不能发展最高度的效能。我们中国民族的聪明智慧并不让西方人,但是在学问事业方面的造就,我们常常赶不上他们。原因固然很多,身体羸弱是最重要的一种。普通欧美人士说:"生命从四十岁开始。"他们到了五六十岁时,还是血气方刚,还有二三十年可以在学问事业方面努力。但是普通中国人到了四十岁以后,精力就逐渐衰惫,在西方人正是奋发有为的时候,我们已宣告体力的破产,做告老退休的打算。在普通西方人,头三四十年只是训练和准备的时期,后三四十年才可以谈到成就与收获;在我们中国人,刚过了训练和准备的时期,可用的精力就渐就耗竭,犹如果子未成熟就萎落,如何能谈到成就与收获呢?无论是读书、写字、做文章、演说、打仗或是办事,必须精力弥满,才可以好。尤其是做比较重大的工作,我们需要持久的努力,要能挣扎到底,维持最后五分钟的奋斗。我们做事，往往开头很起劲，以后越做越觉得精力不济，那最后五分钟最难挨过，以致功亏一篑。这就由于身体羸弱，生活力不够。

第二，身体羸弱可以影响到性情和人生观。我常分析自己，每逢性情暴躁，容易为小事动气时，身体方面总有些毛病，如头痛、牙痛、胃痛之类；每逢心境颓唐、悲观厌世时，大半精疲力竭，所能供给的精力不够应付事物的要求，这在生病或失眠时最易发生。在睡了一夜好觉之后，清晨爬起来，觉得自己生气蓬勃，心里就特别畅快，对人也就特别和善。我仔细观察我所常接触的人，发现体格与心境的密切关系是很普遍的。我没有看见一个真正康健的人为人不和善，处事不乐观；也没有看见一个愁眉苦脸的人在身体方面没有丝毫缺陷。我们中国青年中许多人都悲观厌世、暮气沉沉，我敢说这大半是身体不健康的结果。

第三，德行的亏缺大半也可归原到身体的羸弱。西谚说："健全精神宿于健全身体。"这句话的意味实在深长。我常分析中国社会的病根，觉得它可以归原到一个字——懒。懒，所以萎靡因循，遇应该做的事拿不出一点勇气去做；懒，所以马虎苟且，遇不应该做的事拿不出一点勇气去决定不做；懒，于是对一切事情朝抵抗力最低的路径走，遇事偷安取巧，逐渐走到人格的堕落。懒的原因在哪里呢？懒就是物理学上的惰性，由于动力的缺乏，换言之，由于体力的虚弱。

比如机器要产生动力,必须开足马达,要开足马达,必须电力强大。身体好比马达,生活力就是电力,而努力所需要的坚强意志就是动力。生活力不旺——这就是说,体力薄弱——身体那一个马达就开不动,努力所需要的动力就无从产生。所以精神的破产毕竟起于身体的破产。

生命是一种无底止的奋斗。一个士兵作战,一个学者研究学问,或是一个普通公民勇于尽自己的职责,向一切恶引诱说一个坚决的"不!"字,向一切应做的事说一个坚决的"干!"字,都需要一番斗争的精神,一股蓬勃的生活力。我们多数民众所最缺乏的就是这奋斗所必需的生活力,尤其在这抗战时代,我们必须彻底认识这种缺乏的严重性,极力来弥补它。我们慢些谈学问,慢些谈道德,慢些谈任何事功,第一件要事先把身体这个机器弄得坚强结实。

要补救我们民族体格的羸弱,必先推求羸弱的病因,然后对症下药。一般人都知道一些健身的方法和道理,例如营养适宜、衣食住清洁、生活有规律、运动休息得时之类。我们中国人体格羸弱,大半由于对这些健康的基本条件没有十分注意,这是谁都会承认的。但是我以为这些条件固然重要,却都是后天的培养,最重要的还是先天的基础。比如动植物的繁殖,在同样的后天环境之下,种子好的比种子差的较易于发育茁壮。哈巴狗总不能长成狮子狗,任凭你怎样去饲养。我知道许多人一辈子注意卫生,一辈子仍是不很强壮,就吃亏在先天不足；我也知道许多人一辈子不知道什么叫作卫生，可是身体依然是坚实，他们生来就有一副铜筋铁骨。因此，我想到在体格方面，先天的基础好，比任何谨慎的后天的培养都要强；我们要想改变民族的体质，第一步要务是彻底地研究优生。在身体方面的优生，有三个要点必须注意。一、男女配合必须在发育完成之后，早婚必须绝对禁止。二、选择配偶的标准必须把身体强健放在第一位。我们应特别奖励强壮的男子配强壮的女子。以往男择女要林黛玉那样弱不禁风，工愁善病；女择男要潘安仁那样白面书生，风度儒雅。这种传统的理想必须打破。三、妇女在妊孕期内必须有极合理的调养，在生产后至少在三年之内须节制妊孕。先天的基础，母亲要奠立一大半，母亲的健康比父亲的更为重要。现在一般母亲在妊孕期劳作过度，营养不充分，而妊孕期的周率又太频繁，一年生产一次几是常事。这一点影响民族体格的健康比其他一切因素都较严重。以上三点体格优生要义我们必须灌注到每一个公民的头脑里去，在必要时，我们最好能用政府的力量帮助人民去切实施行。

至于后天的培养用不着多说，一般人都知道一些卫生常识。第一是营养必须适宜。目前物价昂贵，一般青年们正当发育的年龄，不能得到最低限度的营养，以致危害到健康。这是一个很严重的现象，政教当局必须彻底认识，急图补救。第二是生活必须有规律，起居饮食，劳作休息，都须有一定的时候、一定的分量、一定的节奏。在这一点，我们中国人的习惯很差。迟睡晚起，打牌可以打连宵，平时饮食不够营养的标准，进馆子就得把肚皮涨破，劳作者整天不得休息，游手好闲者整天不做工作，如此等类的毛病都是酿成民族羸弱的因素。单就青年说，目前各学校的功课都太繁重，营养所产生的力量过少，功课担负所要求的力量过多，供不应求，逼成虚耗。这也是一个很严重的现象。要教育合理化，各级学校的课程必须尽量裁汰。第三是心境要宽和冲淡，少动气，少存杂念。我国古代养生家素来特重这一点，所以说："养生莫善于寡欲。"我们近代人对此点似多认为陈腐，其实这很可惜。近代社会复杂，刺激特多，愈近于文明，愈远于自然，处处都是扰乱心志的事物，就是处处逼我们打消耗战。我们必须淡泊宁静，以逸待劳。这不但可以养生，也可以使学问事业得到较大的成就。

如果做到上面几点，我相信一个人不会不康健。康健的生活是正常的、自然的。健康的最大秘诀就在使生活是正常的、自然的。近代人谈体育，多专指运动，其实专就健康而言，运动是体育的下乘节目。运动的要义在使血液流通，筋肉平均发展，脑筋与筋肉互换劳息。这三点在普通劳作方面也可以办到。自然人都很健康，除渔猎耕作及舞蹈以外，别无所谓运动，而身体却大半很强健。不过运动确也有不能用普通劳作代替的地方。第一，它是比较地科学化，顾到全身筋肉脉络的有系统的调摄和锻炼。在近代社会中分工细密，许多人只用一部分筋肉去劳作，有系统的运动实为必要。第二，运动带有团体娱乐的意味，是群育的最好工具。在中国古代，射以观德；近代西方人也说运动可以养成"公平游艺"（fair play），一个公平正直的人有"运动家的风度"。要训练合作互助、尊重纪律的精神，最好的场所是运动场。威灵顿说："滑铁卢的胜仗，是在义敦和哈罗两校运动场上打来的。"就是因为这个道理。从这两点说，我们急需提倡运动。不过以往饲养选手替学校争门面的办法必须废除。运动必须由学校推广到全社会，成为每个人日常生活中一个节目，如吃饭睡觉一样，它才能于全民族的健康有所补助。

十九　谈价值意识

"物有本末，事有终始，知所先后，则近道矣。"

我初到英国读书时，一位很爱护我的教师——辛博森先生——写了一封很恳切的长信，给我讲为人治学的道理，其中有一句话说："大学教育在使人有正确的价值意识，知道权衡轻重。"于今事隔二十余年，我还很清楚地记得这句看来颇似寻常的话。在当时，我看到了有几分诧异，心里想：大学教育的功用就不过如此吗？这二三十年的人生经验才逐渐使我明白这句话的分量。我有时虚心检点过去，发现了我每次的过错或失败都恰是当人生歧路，没有能权衡轻重，以致去取失当。比如说，我花去许多功夫读了一些于今看来是值不得读的书，做了一些于今看来是值不得做的文章，尝试了一些于今看来是值不得尝试的事，这样地就把正经事业耽误了。好比行军,没有侦出要塞,或是侦出要塞而不尽力去击破,只在无战争重要性的角落徘徊摸索,到精力消耗完了还没碰着敌人,这岂不是愚蠢?

我自己对于这种愚蠢有切身之痛,每衡量当世人物,也欢喜审察他们是否有没有犯同样的毛病。有许多在学问思想方面极为我所敬佩的人,希望本来很大,他们如果死心塌地做他们的学问,成就必有可观。但是因为他们在社会上名望很高,每个学校都要请他们演讲,每个机关都要请他们担任职务,每个刊物都要请他们做文章,这样一来,他们不能集中力量去做一件事,用非其长,长处不能发展,不久也就荒废了。名位是中国学者的大患。没有名位去挣扎求名位,旁驰博骛,用心不专,是一种浪费;既得名位而社会视为万能,事事都来打搅,惹得人心花意乱,是一种更大的浪费。"古之学者为己,今之学者为人。"在"为人""为己"的冲突中,"为人"是很大的诱惑。学者遇到这种诱惑,必须知所轻重,毅然有所取舍,否则随波逐流,不旋踵就有没落之祸。认定方向,立定脚跟,都需要很深厚的修养。

"正其谊不谋其利,明其道不计其功",是儒家在人生理想上所表现的价值意识。"学也禄在其中",既学而获禄,原亦未尝不可;为干禄而求学,或得禄而忘学便是颠倒本末。我国历来学子正坐此弊。记得从前有一个学生刚在中学毕业,他的父亲就要他做事谋生,有友人劝阻他说："这等于吃稻种。"这句聪明话可表现一般家长视教育子弟为投资的心理。近来一般社会重视功利，青年学子便以功利自期，入学校只图混资格作敲门砖，对学问没有浓厚的兴趣，至于立身处世的道理更视为迂阔而远于事情。这是价值意识的混乱。教育的根基不坚实，影响到整个社会风气以至于整个文化。轻重倒置，急其所应缓，缓其所应急，这种毛病在每个人的生活上、在政治上、在整个文化动向上都可以看见。近来我看了英人贝尔的《文化论》(*Clive Bell: Civilization*)，其中有一章专论价值意识为文化要素，颇引起我的一些感触。贝尔专从文化观点立论，我联想到"价值意识"在人生许多方面的意义。这问题值得仔细一谈。

自然界事物纷纭错杂，人能不为之迷惑，赖有两种发现，一是条理，一是分寸。条理是联系线索，分寸是本末轻重。有了条理，事物才能分别类居，不相杂乱；有了分寸，事物才能尊卑定位，各适其宜。条理是横面上的秩序，分寸是纵面上的等差。条理在大体上是纯理活动的产品，是偏于客观的；分寸的鉴别则有赖于实用智慧，常为情感意志所左右，带有主观的成分。别条理，审分寸，是人类心灵的两种最大的功能。一般自然科学在大体上都是别条理的事，一般含有规范性的学术如文艺、伦理、政治之类都是审分寸的事。这两种活动有时相依为用，但是别条理易，审分寸难。一个稍有逻辑修养的人大半能别条理，审分寸则有待于一般修养。它不仅是分析，而且是衡量；不仅是知解，而且是抉择。"厩焚，子退朝，曰'伤人乎'，不问马。"这件事本很琐细，但足见孔子心中所存的分寸，这种分寸是他整个人格的表现。

所谓审分寸，就是辨别紧要的与琐屑的，也就是有正确的价值意识。"价值"是一个哲学上的术语，有些哲学家相信世间有绝对价值，永住常在，不随时空及人事环境为转移，如康德所说的道德责任，黑格尔所说的永恒公理。但是就一般知解说，价值都有对待，高下相形，美丑相彰，而且事物自身本无价值可言，其有价值，是对于人生有效用，效用有大小，价值就有高低。这所谓"效用"自然是指极广义的，包含一切物质的和精神的实益，不单指狭义功利主义所推崇的安富尊荣之类。作为这样的解释，价值意识对于人生委实是重要。人生一切活动，都各追求一个目的，我们必须先估定这目的有无追求的价值。如果根本没有价值而我们去追求，只追求较低的价值，我们就打错了算盘，没有尽量地享受人生最大的好处。有正确的价值意识，我们对于可用的力量才能做最经济的分配，对于人生的丰富意味才能尽量榨取。人投生在这个世界里如入珠宝市，有任意采取的自由，但是货色无穷，担负的力量不过百斤。有人挑去瓦砾，有人挑去钢铁，也有人挑去珠玉，这就看他们的价值意识如何。

价值意识的应用范围极广。凡是出于意志的行为都有所抉择、有所排弃。在各种可能的途径之中择其一而弃其余，都须经过价值意识的审核。小而衣食行止，大而道德学问事功，无一能为例外。

价值通常分为真善美三种。先说真,它是科学的对象。科学的思考在大体上虽偏于别条理,却也须审分寸。它分析事物的属性,必须辨别主要的与次要的;推求事物的成因,必须辨别自然的与偶然的;归纳事例为原则,必须辨别貌似有关的与实际有关的。苹果落地是常事,只有牛顿抓住它的重要性而发明引力定律;蒸汽上腾是常事,只有瓦特抓住它的重要性而发明蒸汽机。就一般学术研究方法说,提纲挈领是一套紧要的功夫,囫囵吞枣必定是食而不化。提纲挈领需要很锐敏的价值意识。

次说美,它是艺术的对象。艺术活动通常分欣赏与创造。欣赏全是价值意识的鉴别,艺术趣味的高低全靠价值意识的强弱。趣味低,不是好坏无鉴别,就是欢喜坏的而不了解好的。趣味高,只有真正好的作品才够味,低劣作品可以使人作呕。艺术方面的爱憎有时更甚于道德方面的爱憎,行为的失检可以原谅,趣味的低劣则无可容恕。至于艺术创造更步步需要谨严的价值意识。在作品酝酿中,许多意象纷呈,许多情致泉涌,当兴高采烈时,它们好像八宝楼台,件件惊心夺目,可是实际上它们不尽经得起推敲,艺术家必能知道割爱,知道剪裁洗练,才可披沙拣金。这是第一步。已选定的材料需要分配安排,每部分的分量有讲究,各部分的先后位置也有讲究。凡是艺术作品必有头尾和身材,必有浓淡虚实,必有着重点与陪衬点。"譬如北辰,居其所,而众星拱之。"艺术作品的意思安排也是如此。这是第二步。选择安排可以完全是胸中成竹，要把它描绘出来，传达给别人看，必借特殊媒介，如图画用形色，文学用语言。一个意思常有几种说法，都可以说得大致不差，但是只有一种说法，可以说得最恰当妥帖。艺术家对于所用媒介必有特殊敏感，觉得大致不差的说法实在是差以毫厘，谬以千里，并且在没有碰着最恰当的说法以前，心里就安顿不下去，他必肯呕出心肝去推敲。这是第三步。在实际创造时，这三个步骤虽不必分得如此清楚，可是都不可少，而且每步都必有价值意识在鉴别审核。每个大艺术家必同时是他自己的严厉的批评者。一个人在道德方面需要良心，在艺术方面尤其需要良心。良心使艺术家不苟且敷衍，不甘落下乘。艺术上的良心就是谨严的价值意识。

再次说善，它是道德行为的对象。人性本可与为善，可与为恶，世间善人少而不善人多，可知为恶易而为善难。为善所以难者，道德行为虽根于良心，当与私欲相冲突，胜私欲需要极大的意志力。私欲引人朝抵抗力最低的路径走，而道德行为往往朝抵抗力最大的路径走。这本有几分不自然。但是世间终有人为履行道德信条而不惜牺牲一切者，即深切地感觉到善的价值。"朝闻道，夕死可矣。"孔子醇儒，向少做这样侠士气的口吻，而竟说得如此斩截者，即本于道重于生命一个价值意识。古今许多忠臣烈士宁杀身以成仁，也是有见于此。从短见的功利观点看，这种行为有些傻气，但是人之所以为人，就贵在这点傻气。说浅一点,善是一种实益,行善社会才可安宁,人生才有幸福;说深一点,善就是一种美,我们不容行为有瑕疵,犹如不容一件艺术作品有缺陷。求行为的善,即所以维持人格的完美与人性的尊严。善的本身也有价值的等差。"礼与其奢也宁俭,丧与其奢也宁戚",重在内心不在外表。"男女授受不亲,嫂溺援之以手",重在权变不在拘守条文。"人尽夫也,父一而已",重在孝不在爱。忠孝不能两全时,先忠而后孝。以德报怨,即无以报德,所以圣人主以直报怨。"其父攘羊,其子证之",为国法而伤天伦,所以圣人不取。子夏丧子失明而丧亲民无所闻,所以为曾子所呵责。孔子自己的儿子死只有棺,所以不肯卖车为颜渊买椁。齐人拒嗟来之食,义本可嘉,施者谢罪仍坚持饿死,则为太过。有无相济是正当道理,微生高乞醯以应邻人之求,不得为直。战所以杀敌制胜,宋襄公不鼓不成列,不得为仁。这些事例有极重大的,有极寻常的,都可以说明权衡轻重是道德行为中的紧要功夫。道德行为和艺术一样,都要做得恰到好处。这就是孔子所谓"中",孟子所谓"义"。中者无过无不及,义者事之宜。要事事得其宜而无过无不及,必须有很正确的价值意识。

真善美三种价值既说明了,我们可以进一步谈人生理想。每个人都不免有一个理想,或为温饱,或为名位,或为学问,或为德行,或为事功,或为醇酒妇人,或为斗鸡走狗,所谓"从其大体者为大人,从其小体者为小人"。这种分别究竟以什么为标准呢?哲学家们都承认：人生最高目的是幸福。什么才是真正的幸福？对于这问题也各有各的见解。积学修德可被看成幸福，饱食暖衣也可被看成幸福。究竟谁是谁非呢？我们从人的观点来说，须认清人的高贵处在哪一点。很显然地，在肉体方面，人比不上许多动物，人之所以高于禽兽者在他的心灵。人如果要充分地表现他的人性，必须充实他的心灵生活。幸福是一种享受。享受者或为肉体，或为心灵。人既有肉体，即不能没有肉体的享受。我们不必如持禁欲主义的清教徒之不近人情，但是我们也须明白：肉体的享受不是人类最上的享受，而是人类与鸡豚狗彘所共有的。人类最上的享受是心灵的享受。哪些才是心灵的享受呢？就是上文所述的真善美三种价值。学问、艺术、道德几无一不是心灵的活动，人如果在这三方面达到最高的境界，同时也就达到最幸福的境界。一个人的生活是否丰富，这就是说，有无价值，就看他对于心灵或精神生活的努力和成就的大小。如果只顾衣食饱暖而对于真善美不感觉兴趣，他就成为一种行尸走肉了。这番道理本无深文奥义，但是说起来好像很迂阔。灵与肉的冲突本来是一个古老而不易化除的冲突。许多人因顾到肉遂忘记灵，相习成风，心灵生活便被视为怪诞无稽的事。尤其是近代人被"物质的舒适"一个观念所迷惑，大家争着去拜财神，财神也就笼罩了一切。"哀莫大于心死"，而心死则由于价值意识的错乱。我们如想改正风气，必须改正教育，想改正教育，必须改正一般人的价值意识。

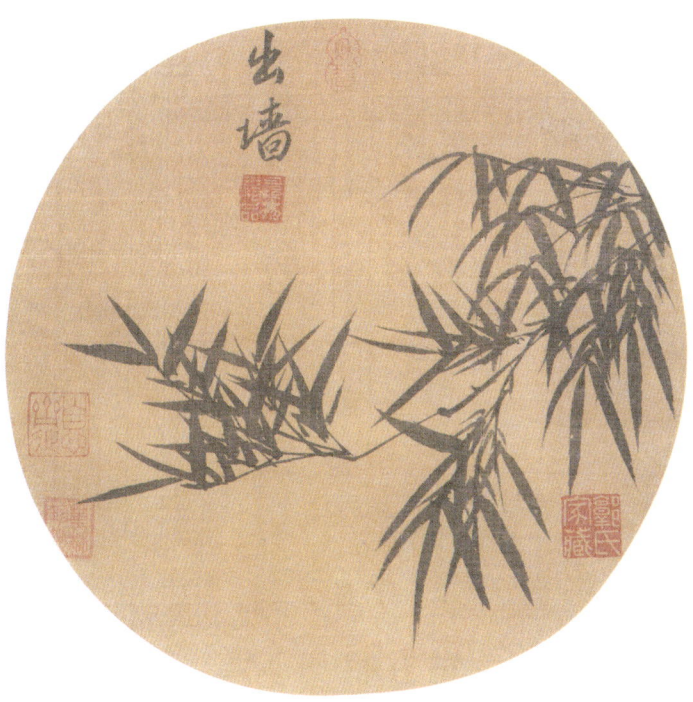

二十　谈美感教育

世间事物有真善美三种不同的价值,人类心理有知情意三种不同的活动。这三种心理活动恰和三种事物价值相当:真关于知,善关于意,美关于情。人能知,就有好奇心,就要求知,就要辨别真伪,寻求真理。人能发意志,就要想好,就要趋善避恶,造就人生幸福。人能动情感,就爱美,就欢喜创造艺术,欣赏人生自然中的美妙境界。求知、想好、爱美,三者都是人类天性;人生来就有真善美的需要,真善美具备,人生才完美。

教育的功用就在顺应人类求知、想好、爱美的天性,使一个人在这三方面得到最大限度的调和的发展,以达到完美的生活。"教育"一词在西文为education,是从拉丁动词educare来的,原义是"抽出",所谓"抽出"就是"启发"。教育的目的在"启发"人性中所固有的求知、想好、爱美的本能，使它们尽量生展。中国儒家的最高的人生理想是"尽性"。他们说："能尽人之性则能尽物之性，能尽物之性则可以赞天地之化育。"教育的目的可以说就是使人"尽性""发挥性之所固有"。

物有真善美三面，心有知情意三面，教育求在这三方面同时发展，于是有智育、德育、美育三节目。智育叫人研究学问，求知识，寻真理；德育叫人培养良善品格，学做人处世的方法和道理；美育叫人创造艺术，欣赏艺术与自然，在人生世相中寻出丰富的兴趣。三育对于人生本有同等的重要，但是在流行教育中，只有智育被人看重，德育在理论上的重要性也还没有人否认，至于美育则在实施与理论方面都很少人顾及。二十年前蔡孑民先生一度提倡过"美育代宗教"，他的主张似没有产生多大的影响。还有一派人不但忽略美育，而且根本仇视美育。他们仿佛觉得艺术有几分不道德，美育对于德育有妨碍。希腊大哲学家柏拉图就以为诗和艺术是说谎的，逢迎人类卑劣情感的，多受诗和艺术的熏染，人就会失去理智的控制而变成情感的奴隶，所以他对诗人和艺术家说了一番客气话之后，就把他们逐出"理想国"的境外。中世纪耶稣教徒的态度很类似。他们以倡苦行主义求来世的解脱，文艺是现世中一种快乐，所以被看成一种罪孽。近代哲学家中卢梭是平等自由说的倡导者，照理应该能看得宽远一点，但是他仍是怀疑文艺，因为他把文艺和文化都看成朴素天真的腐化剂。

托尔斯泰对近代西方艺术的攻击更丝毫不留情面，他以为文艺常传染不道德的情感，对于世道人心影响极坏。他在《艺术论》里说："每个有理性有道德的人应该跟着柏拉图以及耶稣和伊斯兰教师，把这问题重新这样决定：宁可不要艺术，也莫再让现在流行的腐化的虚伪的艺术继续下去。"

这些哲学家和宗教家的根本错误在认定情感是恶的，理性是善的，人要能以理性镇压感情，才达到至善。这种观念何以是错误的呢？人是一种有机体，情感和理性既都是天性固有的，就不容易拆开。造物不浪费，给我们一份家当就有一份的用处。无论情感是否可以用理性压抑下去，纵是压抑下去，也是一种损耗，一种残废。人好比一棵花草，要根茎枝叶花实都得到平均的和谐的发展，才长得繁茂有生气。有些园丁不知道尽草木之性，用人工去歪曲自然，使某一部分发达到超出常态，另一部分则受压抑摧残。这种畸形发展是不健康的状态，在草木如此，在人也是如此。理想的教育不是摧残一部分天性而去培养另一部分天性，以致造成畸形的发展，理想的教育是让天性中所有的潜蓄力量都得尽量发挥，所有的本能都得平均调和发展，以造成一个全人。所谓"全人"除体格强壮以外，心理方面真善美的需要必都得到满足。只顾求知而不顾其他的人是书虫，只讲道德而不顾其他的人是枯燥迂腐的清教徒，只顾爱美而不顾其他的人是颓废的享乐主义者。这三种人都不是全人而是畸形人，精神方面的驼子、跛子。养成精神方面的驼子、跛子的教育是无可辩护的。

美感教育是一种情感教育。它的重要我们的古代儒家是知道的。儒家教育特重诗，以为它可以兴观群怨；又特重礼乐，以为"礼以制其宜，乐以导其和"。《论语》有一段话总述儒家教育宗旨说："兴于诗，立与礼，成于乐。"诗、礼、乐三项可以说都属于美感教育。诗与乐相关，目的在怡情养性，养成内心的和谐（harmony）；礼重仪节，目的在使行为仪表就规范，养成生活上的秩序（order）。蕴于中的是性情，受诗与乐的陶冶而达到和谐；发于外的是行为仪表，受礼的调节而进到秩序。内具和谐而外具秩序的生活，从伦理观点看，是最善的；从美感观点看，也是最美的。儒家教育出来的人要在伦理和美感观点都可以看得过去。

这是儒家教育思想中最值得注意的一点。他们的着重点无疑地是在道德方面，德育是他们的最后鹄的，这是他们与西方哲学家、宗教家柏拉图和托尔斯泰诸人相同的。不过他们高于柏拉图和托尔斯泰诸人，因为柏拉图和托尔斯泰诸人误认美育可以妨碍德育，而儒家则认定美育为德育的必由之径。道德并非陈腐条文的遵守，而是至性真情的流露。所以德育从根本做起，必须怡情养性。美感教育的功用就在怡情养性，所以是德育的基础功夫。严格地说，善与美不但不相冲突，而且到最高境界根本是一回事，它们的必有条件同是和谐与秩序。从伦理观点看，美是一种善；从美感观点看，善也是一种美。所以在古希腊文与近代德文中，美、善只有一个字，在中文和其他近代语文中，"善"与"美"二字虽分开，仍可互相替用。真正的善人对于生活不苟且，犹如艺术家对于作品不苟且一样。过一世生活好比做一篇文章，文章求惬心贵当，生活也须求惬心贵当。我们嫌恶行为上的鄙卑龌龊，不仅因其不善，也因其丑；我们赞赏行为上的光明磊落，不仅因其善，也因其美。一个真正有美感修养的人必定同时也有道德修养。

美育为德育的基础，英国诗人雪莱在《诗的辩护》里也说得透辟。他说：

> 道德的大原在仁爱，在脱离小我，去体验我以外的思想行为和体态的美妙。一个人如果真正做善人，必须能深广地想象，必须能设身处地替旁人想，人类的忧喜苦乐变成他的忧喜苦乐。要达到道德上的善，最大的途径是想象；诗从这根本上做功夫，所以能产生道德的影响。

换句话说，道德起于仁爱，仁爱就是同情，同情起于想象。比如你哀怜一个乞丐，你必定先能设身处地想象他的痛苦。诗和艺术对于主观的情境必能"出乎其外"，对于客观的情境必能"入乎其中"，在想象中领略它、玩索它，所以能扩大想象，培养同情。这种看法也与儒家学说暗合。儒家在诸德中特重"仁","仁"近于耶稣教的"爱"、佛教的"慈悲",是一种天性,也是一种修养。仁的修养就在诗。儒家有一句很简赅深刻的话:"温柔敦厚诗教也。"诗教就是美育,温柔敦厚就是仁的表现。

美育不但不妨害德育而且是德育的基础,如上所述。不过美育的价值还不仅在此。西方人有一句恒言说:"艺术是解放的,给人自由的。"(Art is liberative.)这句话最能见出艺术的功用,也最能见出美育的功用。现在我们就在这句话的意义上发挥。从哪几方面看,艺术和美育是"解放的,给人自由的"呢?

第一,是本能冲动和情感的解放。人类生来有许多本能冲动和附带的情感,如性欲、生存欲、占有欲、爱、恶、怜、惧之类。本自然倾向,它们都需要活动,需要发泄。但是在实际生活中,它们不但常彼此互相冲突,而且与文明社会的种种约束如道德、宗教、法律、习俗之类不相容。我们每个人都知道,本能冲动和欲望是无穷的,而实际上有机会实现的却寥寥有数。我们有时察觉到本能冲动和欲望不大体面,不免起羞恶之心,硬把它们压抑下去;有时自己对它们虽不羞恶而社会的压力过大,不容它们赤裸裸地暴露,也还是被压抑下去。性欲是一个最显著的例。从前哲学家、宗教家大半以为这些本能冲动和情感都是卑劣的、不道德的、危险的,承认压抑是最好的处置。他们的整部道德信条有时只在理智镇压情欲。我们在上文指出这种看法的不合理，说它违背平均发展的原则，容易造成畸形发展。其实它的祸害还不仅此。弗洛伊德派心理学告诉我们，本能冲动和附带的情感仅可暂时压抑而不可永远消灭，它们理应有自由活动的机会，如果勉强被压抑下去，表面上像是消灭了，实际上在隐意识里凝聚成精神上的疮疖，为种种变态心理和精神病的根源。依弗洛伊德看，我们现代文明社会中人因受道德、宗教、法律、习俗的裁制，本能冲动和情感常难得正常的发泄，大半都有些"被压抑的欲望"所凝成的"情意综"（complexes）。这些情意综潜蓄着极强烈的捣乱力，一旦爆发，就成精神上种种病态。但是这种潜力可以借文艺而发泄，因为文艺所给的是想象世界，不受现实世界的束缚和冲突，在这想象世界中，欲望可以用"望梅止渴"的办法得到满足。文艺还把带有野蛮性的本能冲动和情感提到一个较高尚较纯洁的境界去活动，所以有升华作用（sublimation）。有了文艺，本能冲动和情感才得自由发泄，不致凝成疮疖酿精神病，它的功用有如机器方面的"安全瓣"（safety valve）。弗洛伊德的心理学有时近于怪诞，但实含有一部分真理。文艺和其他美感活动给本能冲动和情感以自由发泄的机会，在日常经验中也可以得到证明。我们每当愁苦无聊时，费一点功夫来欣赏艺术作品或自然风景，满腹的牢骚就马上烟消云散了。读古人痛快淋漓的文章，我们常有"先得我心"的感觉。看过一部戏或是读过一部小说之后，我们觉得曾经紧张了一阵是一件痛快事。这些快感都起于本能冲动和情感在想象世界中得解放。最好的例子是歌德著《少年维特之烦恼》的经过。他少时爱过一个已经许人的女子，心里痛苦已极，想自杀以了一切。有一天他听到一位朋友失恋自杀的消息，想到这事和他自己的境遇相似，可以写成一部小说。他埋头两礼拜，写成《少年维特之烦恼》，把自己心中怨慕愁苦的情绪一齐倾泻到书里，书成了，他的烦恼便去了，自杀的念头也消了。从这实例看，文艺确有解放情感的功用，而解放情感对于心理健康也确有极大的裨益，我们通常说一个人情感要有所寄托，才不致苦恼烦闷，文艺是大家公认为寄托情感的最好的处所。所谓"情感有所寄托"还是说它要有地方可以活动，可得解放。

第二，是眼界的解放。宇宙生命时时刻刻在变动进展中，希腊哲人有"濯足急流，抽足再入，已非前水"的譬喻，所以在这种变动进展的过程中每一时每一境都是个别的、新鲜的、有趣的。美感经验并无深文奥义，它只在人生世相中见出某一时某一境特别新鲜有趣而加以流连玩味，或者把它描写出来。这句话中"见"字最紧要。我们一般人对于本来在那里的新鲜有趣的东西不容易"见"着。这是什么缘故呢？不能"见"必有所蔽。我们通常把自己圈在习惯所画成的狭小圈套里，让它把眼界"蔽"着，使我们对它以外的世界都视而不见、听而不闻。比如我们如果圈于饮食男女，饮食男女以外的事物就见不着；圈于奔走钻营，奔走以外的事就见不着。有人向海边农夫称赞他的门前海景美,他很羞涩地指着屋后菜园说:"海没有什么,屋后的一园菜倒还不差。"一园菜围住了他,使他不能见到海景美。我们每个人都有所围,有所蔽,许多东西都不能见,所见到的天地是非常狭小、陈腐、枯燥的。诗人和艺术家所以超过我们一般人者就在情感比较真挚、感觉比较锐敏、观察比较深刻、想象比较丰富。我们"见"不着的他们"见"得着,并且他们"见"得到就说得出,我们本来"见"不着的他们"见"着说出来了,就使我们也可以"见"着。像一位英国诗人所说的,"他们借他们的眼睛给我们看"(they lend their eyes for us to see)。中国人爱好自然风景的趣味是陶、谢、王、韦诸诗人所传染的。在 Turner 和 Whistler 以前,英国人就没有注意到泰晤士河上有雾。Byron 以前,欧洲人很少赞美威尼斯。前一世纪的人崇拜自然,常咒骂城市生活和工商业文化,但是现代美国、俄国的文学家有时把城市生活和工商业文化写得也很有趣。人生的罪孽灾害通常只引起愤恨,悲剧却教我们于罪孽灾祸中见出伟大庄严;丑陋乖讹通常只引起嫌恶,喜剧却教我们在丑陋乖讹中见出新鲜的趣味。Rembrandt 画过一些疲癃残疾的老人以后,我们见出丑中也还有美。象征诗人出来以后,许多一纵即逝的情调使我们觉得精细微妙,特别值得留恋。文艺逐渐向前伸展,我们的眼界也逐渐放大,人生世相越显得丰富华严。这种眼界的解放给我们不少的生命力量,我们觉得人生有意义、有价值,值得活下去。许多人嫌生活干燥,烦闷无聊，原因就在缺乏美感修养，见不着人生世相的新鲜有趣。这种人最容易堕落颓废，因为生命对于他们失去意义与价值。"哀莫大于心死"，所谓"心死"就是对于人生世相失去解悟与留恋，就是不能以美感态度去观照事物。美感教育不是替有闲阶级增加一件奢侈，而是使人在丰富华严的世界中随处吸收支持生命和推展生命的活力。朱子有一首诗说："半亩方塘一鉴开，天光云影共徘徊。问渠那得清如许？为有源头活水来。"这诗所写的是一种修养的胜境。美感教育给我们的就是"源头活水"。

第三，是自然限制的解放。这是德国唯心派哲学家康德、席勒、叔本华、尼采诸人所最着重的一点，现在我们用浅近语来说明它。自然世界是有限的，受因果律支配的，其中毫末细故都有它的必然性，因果线索命定它如此，它就丝毫移动不得。社会由历史铸就，人由遗传和环境造成。人的活动寸步离不开物质生存条件的支配，没有翅膀就不能飞，绝饮食就会饿死。由此类推，人在自然中是极不自由的。动植物和非生物一味顺从自然，接受它的限制，没有过分希冀，也就没有失望和痛苦。人却不同，他有心灵，有不可压的欲望，对于无翅不飞、绝食饿死之类事实总觉有些歉然。人可以说是两重奴隶，第一服从自然的限制，其次要受自己的欲望驱使。以无穷欲望处有限自然，人便觉得处处不如意、不自由，烦闷苦恼都由此起。专就物质说，人在自然面前是很渺小的，它的力量抵不住自然的力量，无论你有如何大的成就，到头终不免一死，而且科学告诉我们，人类一切成就到最后都要和诸星球同归于毁灭，在自然圈套中求征服自然是不可能的，好比孙悟空跳来跳去，终跳不出如来佛的掌心。但是在精神方面，人可以跳开自然的圈套而征服自然，他可以在自然世界之外另在想象中造出较能合理慰情的世界。这就是艺术的创造。在艺术创造中可以把自然拿在手里来玩弄，剪裁它、锤炼它，重新给以生命与形式。每一部文艺杰作以至于每人在人生自然中所欣赏到的美妙境界都是这样创造出来的。美感活动是人在有限中所挣扎得来的无限，在隶属中所挣扎得来的自由。在服从自然限制而汲汲于饮食男女的寻求时，人是自然的奴隶；在超脱自然限制而创造欣赏艺术境界时，人是自然的主宰，换句话说，就是上帝。多受些美感教育，就是多学会如何从自然限制中解放出来，由奴隶变成上帝，充分地感觉人的尊严。

爱美是人类天性，凡是天性中所固有的必须趁适当时机去培养，否则像花草不及时下种及时培植一样，就会凋残萎谢。达尔文在自传里懊悔他一生专在科学上做功夫，没有把他年轻时对于诗和音乐的兴趣保持住，到老来他想用诗和音乐来调剂生活的枯燥，就抓不回年轻时那种兴趣，觉得从前所爱好的诗和音乐都索然无味。他自己说这是一部分天性的麻木，这是一个很好的前车之鉴。美育必须从年轻时就下手，年纪愈大，外务日纷繁，习惯的牢笼愈坚固，感觉愈迟钝，心里愈复杂，欣赏艺术力也就愈薄弱。我时常想，无论学哪一科专门学问,干哪一行职业,每个人都应该会听音乐,不断地读文学作品,偶尔有欣赏图画、雕刻的机会。在西方社会中这些美感活动是每个受教育者的日常生活中的重要节目。我们中国人除专习文学艺术者以外,一般人对于艺术都漠不关心,这是最可惋惜的事,它多少表示民族生命力的低降与精神的颓靡。从历史看,一个民族在最兴旺的时候,艺术成就必伟大,美育必发达。史诗悲剧时代的希腊、文艺复兴时代的意大利、莎士比亚时代的英国、歌德和贝多芬时代的德国都可以为证。我们中国人古代对于诗乐舞的嗜好也极普遍。《诗经》《礼记》《左传》诸书所记载的歌乐舞的盛况常使人觉得仿佛是置身近代欧洲社会。孔子处周衰之际,特置慨于诗亡乐坏,也是见到美育与民族兴衰的关系密切。现在我们要想复兴民族,必须恢复周以前歌乐舞的盛况,这就是说,必须提倡普及的美感教育。

二十一 谈谦虚

说来说去,做人只有两桩难事,一是如何对付他人,一是如何对付自己。这归根还只是一件事,最难的事还是对付自己,因为知道如何对付自己,也就知道如何对付他人,处世还是立身的一端。

自己不易对付,因为对付自己的道理有一个模棱性,从一方面看,一个人不可无自尊心,不可无我,不可无人格;从另一方面看,他不可有妄自尊大心,不可执我,不可任私心成见支配。总之,他自视不宜太小,却又不宜太大,难处就在调剂安排,恰到好处。

自己不易对付,因为不容易认识,正如有力不能自举,有目不能自视。当局者迷,旁观者清。我们对于自己是天生成的当局者而不是旁观者,我们自囿于"我"的小圈子,不能跳开"我"来看世界、来看"我",没有透视所必需的距离,不能取正确观照所必需的冷静的客观态度，也就生成地要执迷，认不清自己，只任私心、成见、虚荣、幻觉种种势力支配，把自己的真实面目弄得完全颠倒错乱。我们像蚕一样，作茧自缚，而这茧就是自己对于自己所错认出来的幻象。真正有自知之明的人实在不多见。"知人则哲"，自知或许是哲以上的事。"知道你自己"一句古训所以被称为希腊人最高智慧的结晶。

"知道你自己"，谈何容易！在日常自我估计中，道理总是自己的对，文章总是自己的好，品格也总是自己的高，小的优点放得特别大，大的弱点缩得特别小。人常"阿其所好"，而所好者就莫过于自己。自视高，旁人如果看得没有那么高，我们的自尊心就遭受了大打击，心中就结下深仇大恨。这种毛病在旁人，我们就马上看出；在自己，我们就熟视无睹。

希腊神话中有一个故事。一位美少年那喀索斯（Narcissus）自己羡慕自己的美，常伏在井栏上俯看水里自己的影子，愈看愈爱，就跳下去拥抱那影子，因此就落到井里淹死了。这寓言的意义很深永。我们都有几分"那喀索斯病"，常因爱看自己的影子堕入深井而不自知。照镜子本来是好事，我们对于不自知的人常加劝告："你去照照镜子看！"可是这种忠告是不聪明的，他看来看去，还是他自己的影子，像那喀索斯一样，他愈看愈自鸣得意，他的真正面目对于他自己也就愈模糊。他的最好的镜子是世界，是和他同类的人。他认清了世界，认清了人性，自然也就会认清自己，自知之明需要很深厚的学识经验。

德尔斐神谕宣示希腊说,苏格拉底是他们中间最大的哲人;而苏格拉底自己的解释是,他本来和旁人一样无知,旁人强不知以为知,他却明白自己的确无知,他比旁人高一着,就全在这一点。苏格拉底的话老是这样浅近而深刻,诙谐而严肃。他并非说客套的谦虚话,他真正了解人类知识的限度。"明白自己无知"是比得上苏格拉底的那样哲人才能达到的成就。有了这个认识,他不但认清了自己,多少也认清了宇宙。孔子也仿佛有这种认识。他说:"吾有知乎哉,无知也。"他告诉门人:"知之为知之,不知为不知,是知也。"所谓"不知之知"正是认识自己所看到的小天地之外还有无边世界。

这种认识就是真正的谦虚。谦虚并非故意自贬身价,做客套应酬,像虚伪者所常表现的假面孔;它是起于自知之明,知道自己所已知的比起世间所可知的非常渺小,未知世界随着已知世界扩大,愈前走发现天边愈远。他发现宇宙的无边无底,对之不能不起崇高雄伟之感,反观自己渺小,就不能不起谦虚之感。谦虚必起于自我渺小的意识,谦虚者的心目中必有一种为自己所不知不能的高不可攀的东西,老是要抬着头去望它。这东西可以是全体宇宙,可以是圣贤豪杰,也可以是一个崇高的理想。一个人必须见地高远,"知道天高地厚"才能真正地谦虚;不知道天高地厚的人就老是觉得自己伟大,海若未曾望洋,就以为"天下之美尽在己"。谦虚有它消极方面,就是自我渺小的意识；也有它积极方面，就是高远的瞻瞩与恢阔的胸襟。

看浅一点，谦虚是一种处世哲学。"人道恶盈而喜谦"，人本来没有可盈的时候，自以为盈，就无法再有所容纳，有所进益。谦虚是知不足，"知不足然后能自强"。一切自然节奏都是一起一伏。引弓欲张先弛，升高欲跳先蹲，谦虚是进取向上的准备。老子譬道，常用谷和水，"谷神不死""旷兮其若谷""上善若水""天下莫柔弱于水而攻坚强者莫之能胜"。谷虚所以有容，水柔所以不毁。人的谦虚可以说是取法于谷和水，它的外表虽是空旷柔弱，而它的内在的力量却极刚健。《大易》的谦卦六爻皆吉。作《易》的人最深知谦的力量，所以说，"谦尊而光，卑而不可逾"。道家与儒家在这一点认识上是完全相同的。这道理好比打太极拳，极力求绵软柔缓，可是"四两拨千斤"，极强悍的力士在这轻推慢挽之前可以望风披靡。古希腊的悲剧作者大半是了解这个道理的，悲剧中的主角往往以极端的倔强态度和不可以倔强战胜的自然力量（希腊人所谓神的力量）搏斗，到收场时一律被摧毁，悲剧的作者拿这些教训在观众心中引起所谓"退让"（resignation）情绪，使人恍然大悟，在自然大力之前，人是非常渺小的，人应该降下他的骄傲心，顺从或接收不可抵制的自然安排。这思想在后来耶稣教中也很占势力。近代科学主张"以顺从自然去征服自然"，道理也是如此。

看深一点，谦虚是一种宗教情绪。这道理在上文所说的希腊悲剧中已约略可见。宗教都有一个被崇拜的崇高的对象，我们向外所呈献给被崇拜的对象是虔敬，向内所对待自己的是谦虚。虔敬和谦虚是宗教情绪的两方面，内外相应相成。这种情绪和美感经验中的"崇高意识"以及一般人的英雄崇拜心理是相同的。我们突然间发现对象无限伟大，无形中自觉此身渺小，于是栗然生畏，肃然起敬；但是惊心动魄之余，就继以心领神会，物我交融，不知不觉中把自己也提升到那同样伟大的境界。对自然界的壮观如此，对伟大的英雄如此，对理想中所悬的全知全能的神或尽善尽美的境界也是如此。在这种心境中，我们同时感到自我的渺小和人性的尊严，自卑和自尊打成一片。

我们姑拿两首人人皆知的诗来说明这个道理。一是陈子昂的，"前不见古人，后不见来者。念天地之悠悠，独怆然而涕下"。一是杜甫的，"侧身天地常怀古，独立苍茫自咏诗"。我们试玩味两诗所表现的心境。在这种际会，作者是觉得上天下地，唯我独尊，因而踌躇满志呢，还是四顾茫茫，发现此身渺小而恍然若有所失呢？这两种心境在表面上是相反的，而在实际上却并行不悖，形成哲学家们所说的"相反者之同一"。在这种际会，骄傲和谦虚都失去了它们的寻常意义，我们骄傲到超出骄傲，谦虚到泯没谦虚。我们对庄严的世相呈献虔敬，对蕴藏人性的"我"也呈献虔敬。

有这种情绪的人才能了解宗教，释迦牟尼和耶稣都富于这种情绪，他们极端自尊也极端谦虚。他们知道自尊必从谦虚做起，所以立教特重谦虚。佛家的大戒是"我执""我慢"。佛家的哲学精义在"破我执"。佛徒在最初时期都须以行乞维持生活，所以叫作"比丘"。行乞是最好的谦虚训练。耶稣常溷身下层阶级，一再告诫门徒说："凡自己谦卑像这小孩的，他在天国里就是最大的。""你们中间谁为大，谁就要做你们的用人，自高的必降为卑，自卑的必升为高。"这教训在中世纪发生影响极大，许多僧侣都操贱役，过极刻苦的生活，去实现谦卑（humiliation）的理想，圣弗兰西斯是一个很美的例证。

耶佛和其他宗教都有膜拜的典礼，它的意义深可玩味。在只是虚文时，它似很可鄙笑；在出于至诚时，它却是虔敬和谦虚的表现，人类可敬的动作就莫过于此。人难得弯下这个腰杆，屈下这双膝盖，低下这颗骄傲的心，在真正可尊敬者的面前"五体投地"。有一次我去一个法会听经，看见皈依的信士们进来时恭恭敬敬地磕一个头，出去时又恭恭敬敬地磕一个头。我很受感动，也觉得有些些尴尬。我所深感惭愧的倒不是人家都磕头而我不磕头，而是我的衷心从来没有感觉到有磕头的需要。我虽是愚昧，却明白这足见性分的浅薄。我或是没有脱离"无明"，没有发现一种东西叫我敬仰到须向它膜拜的程度；或是没有脱离"我慢"，虽然发现了可膜拜者而仍以膜拜为耻辱。

"我慢"就是骄傲，骄傲是自尊情操的误用。人不可没有自尊情操，有自尊情操才能知耻，才能有所谓荣誉意识，才能有所为有所不为,也才能发奋向上。孔子说"知耻近乎勇",和《学记》的"知不足然后能自强"、《易经》的"谦尊而光,卑而不可逾"两句名言意义骨子里相同。近代心理学家阿德勒把这个道理发挥得最透辟。依他看,我们有自尊心,不甘居下流,所以发现了自己的缺陷,就引以为耻,在心理形成所谓"卑劣结"(inferiority complex),同时激起所谓"男性的抗议"(masculine protest),要努力弥补缺陷,消除卑劣,来显出自己的尊严。努力的结果往往不但弥补缺陷,而且所达到的成就反比本来没有缺陷的更优越。希腊的德摩斯梯尼本来口吃,不甘心受这缺陷的限制,发愤练习演说,于是成为最大的演说家。中国孙子因膑足而成兵法,左丘明因失明而成《国语》,司马迁因受宫刑而作《史记》,道理也是如此。阿德勒所谓"卑劣结"其实就是谦虚、"知耻"或"知不足";他的"男性抗议"就是"自强""近乎勇"或"卑而不可逾"。从这个解释,我们也可以看出谦虚与自尊心不但并不相反,而且是息息相通。真正有自尊心者才能谦虚,也才能发奋为雄。"尧,人也,舜,人也,有为者亦若是",在做这种打算时,我们一方面自觉不如尧舜,那就是谦虚,一方面自觉应该如尧舜,那就是自尊。

  骄傲是自尊情操的误用,是虚荣心得到廉价的满足。虚荣心和幻觉相连,有自尊而无自知。它本来起于社会本能——要见好于人;同时也带有反社会的倾向,要把人压倒,它的动机在好胜而不在向上,在显出自己的荣耀而不在理想的追寻。虚荣加上幻觉，于是在人我比较中，我们比得胜固然自骄其胜，比不胜也仿佛自以为胜，或是丢开定下来的标准，另寻自己的胜处。我们常暗地盘算：你比我能干，可是我比你有学问；你干的那一行容易，地位低，不重要，我干的才是真正了不起的事业；你的成就固然不差，可是如果我有你的地位和机会，我的成就一定比你更好。总之，我们常把眼睛瞟着四周的人，心里做一个结论："我比你强一点！"于是伸起大拇指，扬扬自得，并且期望旁人都甘拜下风，这就是骄傲。人之骄傲，谁不如我？我以压倒你为快，你也以压倒我为快。无论谁压倒谁，妒忌、愤恨、争斗以及它们所附带的损害和苦恼都在所不免。人与人，集团与集团，国家与国家，中间许多灾祸都是这样酿成的。"礼至而民不争"，礼之端就是辞让，也就是谦虚。

欢喜比照人己而求己比人强的人大半心地窄狭，谩世傲物的人要归到这一类。他们昂头俯视一切，视一切为"卑卑不足道"，"望望然去之"。阮籍能为青白眼，古今传为美谈。这种谩世傲物的态度在中国向来颇受人重视。从庄子的"让王"类寓言起，经过魏晋清谈，以至后世对于狂士和隐士的崇拜，都可以表现这种态度的普遍。这仍是骄傲在作祟。在清高的烟幕之下藏着一种颇不光明的动机。"人都龌龊，只有我干净"（所谓"世人皆浊我独清"），他们在这种自信或幻觉中酕醄而陶然自乐。熟看《世说新语》，我始而羡慕魏晋人的高标逸致，继而起一种强烈的反感，觉得那一批人毕竟未闻大道，整天在臧否人物，自鸣得意，心地毕竟局促。他们忘物而未能忘我，正因其未忘我而终亦未能忘物，态度毕竟是矛盾。魏晋人自有他们的苦闷，原因也就在此。"人都龌龊，只有我干净。"这看法或许是幻觉，或许是真理。如果它是幻觉，那是妄自尊大；如果它是真理，就引以自豪，也毕竟是小气。孔子、释迦牟尼、耶稣诸人未尝没有这种看法，可是他们的心理反应不是骄傲而是怜悯，不是遗弃而是援救。长沮、桀溺说："滔滔者天下皆是，而谁以易之。"孔子说："鸟兽不可与同群，吾非斯人之徒与而谁与？"这是漫世傲物者与悲天悯人者在对人对己的态度上的基本分别。

人生本来有许多矛盾的现象，自视愈大者胸襟愈小，自视愈小者胸襟愈大。这种矛盾起于对于人生理想所悬的标准高低。标准悬得愈低，愈易自满；标准悬得愈高，愈自觉不足。虚荣者只求胜过人，并不管所拿来和自己比较的人是否值得做比较的标准。只要自己显得是长子，就在矮人国中也无妨。孟子谈交友的对象，分出"一乡之善士""一国之善士""天下之善士""古之人"四个层次。我们衡量人我也要由"一乡之善士"扩充到"古之人"。大概性格愈高贵，胸襟愈恢阔，用来衡量人我的尺度也就愈大，而自己也就显得愈渺小。一个人应该有自己渺小的意识，不仅是当着古往今来的圣贤豪杰的面前，尤其是当着自然的伟大、人性的尊严和时空的无限。你要拿人比自己，且抛开张三李四，比一比孔子、释迦牟尼、耶稣、屈原、杜甫、米开朗琪罗、贝多芬或是爱迪生！且抛开你的同类，比一比太平洋、大雪山、诸行星的演变和运行，或是人类知识以外的那一个茫茫宇宙！在这种比较之后，你如果不为伟大崇高之感所撼动而俯首下心，肃然起敬，你就没有人性中最高贵的成分。你如果不盲目，看得见世界的博大，也看得见世界的精微，你想一想，世间哪里有临到你可凭以骄傲的？

在见道者的高瞻远瞩中，"我"可以缩到无限小，也可以放到无限大。在把"我"放到无限大时，他们见出人性的尊严；在把"我"缩到无限小时，他们见出人性在自己小我身上所实现的非常渺小。这两种认识合起来才形成真正的谦虚。佛家法相一宗把叫作"我"的肉体分析为"扶根尘"，和龟毛兔角同为虚幻，把"我"的通常知见都看成幻觉，和镜花水月同无实在性。这可算把自我看成极渺小。可是他们同时也把宇宙一切，自大地山河以至玄理妙义，都统摄于圆湛不生灭妙明真心，万法唯心所造，而此心却为我所固有，所以"明心见性""即心即佛"。这就无异于说，真正可以叫作"我"的那种"真如自性"还是在我，宇宙一切都由它生发出来，"我"就无异于创世主。这对于人性却又看得何等尊严！不但宗教家，哲学家像柏拉图、康德诸人大抵也还是如此看法。我们先秦儒家的看法也不谋而合。儒本有"柔儒"的意义，儒家一方面继承"一命而偻，再命而伛，三命而俯，循墙而走"那种传统的谦虚恭谨,一方面也把"我"看成"与天地合德"。他们说:"反身而诚,万物皆备于我矣。""能尽人之性,则能尽物之性;能尽物之性,则可以赞天地之化育,则可以与天地参矣。"他们拿来放在自己肩膀上的责任是"为天地立心,为生民立命,为往圣继绝学,为万世开太平"。这种"顶天立地,继往开来"的自觉是何等尊严!

意识到人性的尊严而自尊,意识到自我的渺小而自谦,自尊与自谦合一,于是法天行健,自强不息,这就是《易经》所说的"谦尊而光,卑而不可逾"。

二十二　谈青年的心理病态

这题目是一位青年读者提议要我谈的。他的这个提议似显示青年们自己感觉到他们在心理上有毛病。这毛病究竟何在，是怎样酝酿成的，最好由青年们自己做一个虚心的检讨。我是一个中年人，和青年人已隔着一层，现时代和我当青年的时代也迥然有别，不能全据私人追忆到的经验，刻舟求剑似的去臆测目前的事实。我现在所谈的大半根据在教书任职时的观察，观察有时不尽可据，而且我的观察范围限于大学生。我希望青年读者们拿这旁观者的分析和他们自己的自我检讨比较，并让我知道比较的结果。这于他们自己有益，于我更有益。

一个人的性格形成，大半固靠自己的努力，环境的影响也不可一笔抹杀。"豪杰之士虽无文王犹兴"，但是多数人并非豪杰之士，就不能不有所凭借。很显然的，现时一般青年所可凭借的实太薄弱。他们所走的并非玫瑰之路。

先说家庭。多数青年一入学校,便与家庭隔绝,尤其是来自沦陷区域的。在情感上他们得不到家庭的温慰。抗战期中一般人都感受经济的压迫,衣食且成问题,何况资遣子弟受教育。在经济上他们得不到家庭的援助。父兄既远隔,又各各为生计所迫,终日奔波劳碌,既送子弟入学校,就把一切委托给学校,自己全不去管。在学业品行上他们得不到家庭的督导。这些还只是消极的,有些人能受到家庭影响的,所受的往往是恶影响。父兄把教育子弟当作一种投资,让他们混资格去谋衣食,子弟有时顺承这个意旨,只把学校当作进身之阶,此其一。父兄有时是贪官污吏或土豪劣绅,自己有许多恶习,让子弟也染着这些恶习,此其二。中国家庭向来是多纠纷,而这种纠纷对于青年人常是隐痛,易形成心理的变态,此其三。

次说社会国家。中国社会正当新旧交替之际,过去封建时代的许多积弊恶习还没有涤除净尽,贪污腐败欺诈凌虐的事情处处都有。青年人心理单纯,对于复杂的社会不能了解。他们凭自己的单纯心理,建造一种难于立即实现的社会理想,而事实却往往与这理想背驰,他们处处感觉到碰壁,于是失望、惊疑、悲观等情绪源源而来。其次,青年人富于感受性,少定见,好言是非而却不真能辨别是非,常轻随流俗转移,有如素丝,染于青则青,染于黄则黄。社会既腐浊,他们就不知不觉地跟着它腐浊。总之,目前环境对于纯洁的青年是一种恶性刺激，对于意志薄弱的青年是一种恶性引诱。加以国家处在危难的局面，青年人心里抱着极大的希望，也怀着极深的忧惧。他们缺乏冷静的自信，任一股热情鼓荡，容易提升到高天，也容易降落到深渊。一个人迭次经过这种疟疾式的暖冷夹攻，自然容易变成虚弱，在身体方面如此，在精神方面也如此。

再次说学校。教育必以发展全人为宗旨，德育、智育、美育、群育、体育五项应同时注重。就目前实际状况说，德育在一般学校等于具文，师生的精力都集中于上课，专图授受知识，对于做人的道理全不讲究。优秀青年感觉到这方面的缺乏而彷徨，顽劣青年则放纵恣肆，毫无拘束。即退一步言智育，途径亦多错误，灌输多于启发，浅尝多于深入，模仿多于创造，揣摩风气多于效忠学术。在抗战期中，师资与设备多因陋就简，研究的空气尤不易提高。向学心切者感觉饥荒，凡庸者敷衍混资格。美育的重要不但在事实上被忽略，即在理论上亦未被充分了解。我国先民在文艺上造就本极优越，而子孙数典忘祖，有极珍贵的文艺作品而不知欣赏，从事艺术创作者更寥寥。大家都迷于浅狭的功利主义，对文艺不下功夫，结果乃有情操驳杂、趣味卑劣、生活干枯、心灵无寄托等种种现象。群育是吾国人向来缺乏的，现代学校教育对此亦毫无补救。一般学校都没有社会生活，教师与学生相视如路人，同学彼此也相视如路人。世间大概没有比中国大学教授与学生更孤僻更寂寞的一群动物了。体育的忽略也不自今日始,有些学生们还在鄙视运动,黄皮刮瘦几乎是知识阶级的标志。抗战中忽略运动之外又添上缺乏营养。我常去参观学生吃饭,七八人一席只有一两碗无油的蔬菜,有时甚至只有白饭。吃苦本是好事,亏损虚弱却不是好事。青年人正当发育时期,日复一日年复一年地缺乏最低限度的营养,结果只有亏损虚弱,甚至于疾病死亡。心理的毛病往往起于生理的毛病,生理的损耗必酿成心理的损耗。这问题有关于民族的生命力,凡是远见的教育家政治家都不应忽视。

家庭、社会、国家和学校对于青年人的影响如上所述。在这种情形之下,青年人在心理方面发生下列几种不健康的感觉。

第一是压迫感觉。青年人当生气旺盛的时候,有如春日的草木萌芽,需要伸展与生长,而伸展与生长需要自由的园地与丰富的滋养。如果他们像墙角生出来的草木,上面有沉重的砖石压着,得不着阳光与空气,他们只得黄瘦萎谢,纵然偶尔能费力支撑,破石罅而出,也必变成臃肿拳曲,不中绳墨。不幸得很,现代许多青年都恰在这种状况之下出死力支撑层层重压。家庭对于子弟上进的企图有时做不合理的阻挠,社会对于勤劳的报酬不尽有保障,国家为着政策有时须限制思想与言论的自由,学校不能使天赋的聪明与精力得充分发展,国家前途与世界政局常纠缠不清,强权常歪曲公理。这一切对于青年人都是沉重的压迫,此外又加上经济的艰窘、课程的繁重、营养缺乏所酿成的体质赢弱,真所谓"双肩上公仇私仇,满腔儿家忧国忧"。一个人究竟有几多力量，能支撑这层层重压呢？撑不起，却也推不翻，于是都积成一个重载，压在心头。

第二是寂寞感觉。人是富于情感的动物。人也是群居的动物，所以人需要同类的同情心最为剧烈。哲学家和宗教家抓住这一点，所以都以仁爱立教。他们知道人类只有在仁爱中才能得到真正幸福。青年人血气方刚，同情的需要比中年人与老年人更为迫切。我们已经说过，现代中国青年不常能得到家庭的温慰，在学校里又缺乏社会生活，他们终日独行踽踽，举目无亲，人生最强烈的要求不能得到最低限度的满足，他们心里如何快乐得起来呢？这里所谓"同情心"包含异性的爱在内。男女中间除着人类同情心的普遍需要之外，又加上性爱的成分，所以情谊一日投合，便特别坚强。这是一个极自然的现象，不容教育家们闭着眼睛否认或推翻。我们所应该留意的是施以适当教育，因势利导，纳于正轨，不使其泛滥横流。这些年来我们都在采男女同学制，而对于男女同学所有的问题未加精密研究，更未予以正确指导。结果男女中间不是毫无来往，便是偷偷摸摸地来往。毫无来往的似居多数，彼此摆在面前，徒增一种刺激。许多青年人的寂寞感觉，细经分析起来，大半起于异性中缺乏合理而又合体的交际。

第三是空虚感觉。"自然厌恶空虚"，这个古老的自然律可应用于物质，也可应用于心灵。空虚的反面是充实，是丰富。人生要充实丰富，必须有多方的兴趣与多方的活动。一个在道德、学问、艺术或事业方面有浓厚兴趣的人,自然能在其中发现至乐,绝不会感觉到人生的空虚。宋儒教人心地常有"源头活水",此心须常是"活泼泼的"。又教人玩味颜子在箪食瓢饮的情况之下"所乐何事",用意都在使内心生活充实丰富。据近代一般心理学家的见解,艺术对于充实内心生活的功用尤大,因为它帮助人在事事物物中都可发现乐趣。观照就是欣赏,而欣赏就是快乐。现在一般青年人对学术既无浓厚兴趣,对艺术及其他活动更漠不置意,生活异常干枯贫乏,所以常感到人生空虚。此外又加上述的压迫与寂寞,使他们追问到人生究竟,而他们的单纯头脑所能想出的回答就是"空虚"。他们由自己个人的生活空虚推论到一般人生的空虚,犯着逻辑学家所谓"以偏概全"的错误。个人生活的空虚往往是事实,至于一般人生是否空虚则大有问题,至少历史上许多伟大人物不是这么想。

以上所说的三种不健康的感觉都有几分是心病,但是它们所产生的后果更为严重。在感觉压迫、寂寞和空虚中,青年人始而彷徨,身临难关而找不着出路,踌躇不知所措;继而烦闷,仿佛以为家庭、社会、国家、学校以至于造物主,都有意在和他们为难,不让他们有一件顺心事,于是对一切生厌恶,动辄忧郁、烦躁、苦闷;继而颓唐麻木,经不起一再挫折,逐渐失去辨别是非的敏感与向上的意志,随世俗苟且敷衍,以"世故"为智慧,视腐浊为人情之常。彷徨犹可抉择正路,烦闷犹可力求正路,到了颓唐麻木,就势必至于堕落,无可救药了。我不敢说现在多数青年都已到了颓唐麻木的阶段,但是我相信他们都在彷徨烦闷,如果不及早振作,离颓唐麻木也就不远了。总之,我感觉到现在青年人大半缺乏青年人所应有的朝气,对一切缺乏真正的兴趣和浓厚的热情。他们的志向大半很小,在学校只求敷衍毕业,以后找一个比较优裕的差缺,姑求饱暖舒适,就混过这一生。自然也偶尔遇着少数的例外,但少数例外优秀的青年军势孤力薄,不能造成一种风气。现时代的青年,就他所表现的精神而论,绝不能担当起现时代的艰巨任务。这是有心人不能不为之忧惧的。

这种现状究竟如何救济呢?照以上的分析,病的成因远在家庭、社会、国家与学校所给的不良的影响,近在青年人自己承受这影响而起的几种不健康的感觉。治本的办法当然是改良环境的影响,尤其是学校教育。这要牵涉到许多问题,非本文所能详谈。这里我只向青年人说话,说的话限于在我想是他们可以受用的,就是他们如何医治自己,拯救自己。

第一,青年人对于自己应有勇气负起责任。我们旁观者分析青年人的心理性格,把环境影响当作一个重要的成因,是科学家所应有的平正态度。但是我们也必须补充一句,环境影响并非唯一的决定因素,世间有许多人所受的环境影响几完全相同而成就却有天渊之别,这就是证明个人的努力可以胜过环境的影响。青年们自己不应该把自己的失败完全推诿到环境影响,如果这样办,那就是对自己不负责任，为自己不努力去找借口。我们旁观者固不能以豪杰之士期待一切青年，但是每一个青年自己却不应只以庸碌人自期待。旁人在同样环境之下所能达到的成就，他如果达不到，他就应自引以为耻。对自己没有勇气负责的人在任何优越环境之下，都不会有大成就。对自己负责任，是一切向上心的出发点。

第二，青年人应知实事求是，接受当前事实而谋应付，不假想在另一环境中自己如何可以显大本领，也不把自己现在不能显本领的过失推诿到现实环境。自己所处的是甲境，应付不好，聊自宽解说："如果在乙境，我必能应付好。"这是"文不对题"，仍是变态心理的表现。举个具体的例，问一位青年人为什么不努力做学问，他回答说："教员不好，图书不够，饭没有吃饱。"这样一来，他就把责任推诿得干干净净了。他应该知道，教员不好，图书不够，饭没有吃饱，这些都是事实，他须接受这些事实去应付。如果能设法把教员换好，图书买够，饭吃饱，那固然再好没有；如果这些一时为事实所不允许，他就得在教员不好，图书不够，饭没有吃饱的事实条件之下，研究一个办法，看如何仍可读书做学问。他如果以为这样的事实条件不让他能读书做学问，那就是承认自己的失败；如果只假想在另一套事实条件之下才读书做学问，那就是逃避事实而又逃避责任。

第三，青年人应明了自己的心病须靠自己努力去医治。法国有一位心理学家——库维——发明一种自治疗术，叫作"自暗示"。依这个方法，一个人如果有什么毛病，只要自己常专心存着自己必定好的念头，天天只朝好处想，绝不能朝坏处想，不久他自会痊愈。他实验过许多病人，无论所患的是生理方面的或是心理方面的病，都特著奇效。他的实验可证明自信对于一个人的心理影响非常之大。自信是一个不幸的人，就随时随地碰着不幸事；自信是一个勇敢的人，世间便无不可征服的困难。许多青年人所缺乏的正在自信心。没有自信心就没有勇气，困难还没有临头就自认失败。

比如上文所说的三种不健康的感觉，都并非绝对不可避免的。如果能接受事实，有勇气对自己负责任，尽其在我，不计成败，则压迫感觉不致发生。每个人都需要同情，如果每个人都肯拿一点同情出来对付四周的人，则大家互有群居之乐，寂寞感觉不致发生。人生来需要多方活动，精力可发泄，心灵有寄托，兴趣到处泉涌，则生活自丰富，空虚感觉不致发生。这些事都不难做到，一般青年人所以不能做到者，原因就在没有自信，缺乏勇气，不肯努力。